전지 소재 특론

부품 소재 공학 특론 ❶

전지 소재 특론

강찬형 지음

ELECTRONIC MATERIALS

무지개꿈
Rainbow Dream

Contents

머리말   **008**

CHAPTER 1
전기화학 개론

원소 주기율표   **017**

전자의 배타원리   **024**

산화·환원과 이온화 경향   **032**

산화·환원 쌍   **036**

전기화학 셀   **040**

표준 환원 전위   **045**

전기화학 반응   **051**

CHAPTER 2
리튬이온전지

일차전지와 이차전지	063
리튬의 등장	069
리튬이온 일차전지	075
리튬이온 이차전지	085
리튬이온전지 외형의 종류	093

CHAPTER 3
리튬이온 이차전지 소재

리튬이온 이차전지의 구성	103
양극활물질	110
층상구조 양극활물질	117
스피넬 구조 양극활물질	126
올리빈 구조 양극활물질	131
음극활물질	136
탄소계 음극활물질	141
합금계 음극활물질	149
기타 음극활물질	157
유기 액체 전해질	162
고분자 전해질	170
분리막	174
기타 전지 소재 및 부품	179

CHAPTER 4
리튬이온 이차전지의 제조

리튬이온 이차전지의 설계	189
전지 전극 제조공정	199
전지 조립공정과 활성화 공정	208
전고체 전지	213

맺는말	218

머리말

          오늘날 소형 가전기기의 전원으로 알칼리 건전지가 널리 사용되고 있다. 전지의 수명이 다해 기기가 멈추면 동네 슈퍼마켓에 가서 같은 종류의 새 건전지를 사 와서 교체하면 된다. 크기별로 기호가 붙어 있어서 이 기호만 맞으면 일반인도 쉽게 교체할 수 있다. 그러나 휴대전화에 쓰이는 충전지는 시중에서 별도로 살 수가 없다. 십여 년 전에는 새 휴대전화를 사면 각형 충전지를 두세 개 주어, 소비자가 배터리를 충전기에 꽂아 놓았다가 교대로 휴대전화에 부착하여 사용하였다. 그러나 이제는 휴대전화의 배터리가 본체 안에 들어가 밀봉되어 일반 사용자는 배터리를 구경도 할 수 없다. 배터리의 용량이 그만큼 증가해서 가능해진 일이지만 충전지는 소비자가 마음대로 건드릴 수 없는 영역에 있다. 그러니 용량이 더 크고 안전성이 중요한 전기자동차용 배터리 팩은 소비자가 아무리 기술적으로 잘 안다고 해도 어떻게 해볼 도리가 없다. 이것이 오늘날 일차전지와 이차전지에 대하여 소비자가 느끼는 차이점의 하나이다.

이차전지는 자원의 재활용이란 인간의 숙원을 해결한 문명의 이기이다. 이차전지는 일회용으로 쓰고 나면 폐기되는 일차전지를 다시 충전하여 쓸 수 없을까 하는 인류의 오랜 숙제를 해결하였다. 우리가 자거나 휴대전화를 쓰지 않을 때 기기를 전원에 연결하면 한국전력(주)에서 생산한 전기가 휴대전화 안의 배터리에 들어와 화학에너지로 저장된다. 물론 우리는 전기요금이란 이름으로 그 에너지의 대가를 치른다. 우리가 활동을 개시하여 휴대전화를 켜면 배터리의 화학에너지가 전기에너지로 바뀌면서 휴대전화가 작동되기 시작한다. 오늘날 휴대전화는 목소리만 전달하는 게 아니라 영상을 돌아가게 하고 통신할 수 있는 컴퓨터의 역할까지 수행한다.

또 다른 현대문명의 이기인 자동차는 원래 19세기부터 배터리를 동력원으로 채용하려고 하였다. 그러나 배터리의 효율이 낮아서, 사람을 싣고 쇠판으로 된 자동차가 어느 정도의 속도로 움직이는 데 한계가 있었다. 20세기 들어 내연기관 즉 엔진이 자동차를 움직이는 데 사용되면서 전기자동차는 쑥 들어가 버렸다. 그래도 전기의 편리성이 부각(浮刻)되면서 납축전지라는 이차전지가 자동차에 부착되어 SLI(starting, lighting, ignition), 즉 시동, 조명, 점화의 기능에 활용되었다. 그러면서 자동차는 화석연료로 작동하는 소형 엔진을 동력원으로 사용하였다. 기존의 자동차를 살펴보면, 휘발유로 구동되는 엔진과 전기 요소로 구성되어 있다. 자동차산업은 지난 거의 1세기 동안 현대문명을 견인하는 중요한 요소였다.

이차전지가 처음에는 소형 컴퓨터나 휴대전화의 전원으로 개발되었으나, 그 효율이나 에너지 변환 양이 비약적으로 증가하면서 자동차의 동력원으로 검토되었다. 때마침 자동차 엔진에서 내뿜는 이산화탄소가 도시 매연과 지구온난화의 주범이라고 낙인이 찍히면서 이를 대치하려는 움직임이 있던 터에 효율 좋은 배터리의 등장은 자동차 개발 엔지니어의 관심을 끌 수밖에 없었다. 마침 정치적으로 이 문제가 이슈화되면서 내연기관 자동차를 규제하는 법안이 선진국에서 제정되었다. 그러면서 자동차 제조사들도 매연 없는 전기자동차를 생산하여 판매하기 시작하였다.

이차전지는 현대 과학 지식의 결정체이다. 전지의 구성 소재 대부분이 자연에서 나오는 것을 그대로 쓰는 게 아니라 새롭게 합성한 신소재이다. 주기율표에서나 보는, 지구상에 부존량이 얼마 안 되는 리튬 원소가 전지의 중심으로 떠올랐다. 리튬전지의 구성 방법이나 작동 원리는 오래전부터 확립된 인류의 과학지식의 산물이다. 리튬이온 이차전지의 역사는 50년이 채 되지 않는다. 휴대전화, 컴퓨터, 자동차 이렇게 이차전지의 수요처가 점차 늘어나면서 관계되는 전지 산업의 규모가 커지고 금융시장의 관심을 받게 되었다.

전지 관련 업체가 하이라이트를 받게 되고 신규로 생겨나기도 하였다. 금융시장에서 자금 동원의 한 방편인 주식시장에서도 이차전지 산업은 큰 관심을 끌고 있다.

이차전지 산업의 생리를 제대로 이해하려면 그 저변의 복합적인 요소를 알아야 하지만, 필자의 소견으로는 소재 혹은 재료공학에 대한 지식이 있어야 한다. 이차전지 산업에서 쓰는 새로운 기술 용어가 등장하여 일반인들의 이해를 요구하고 있다. 필자는 대학에서 이차전지의 양극 재료의 합성과 특성 평가를 연구하였고, 학부생이나 대학원생을 대상으로 전지와 관련되는 수업을 지도하거나 강의를 해 왔다. 평생을 재료공학에 관계해온 사람으로서 작금의 이차전지 산업 현실을 일반인이 이해하기 쉽게 설명해야 한다는 마음의 빚을 지고 있었다.

필자는 약 4년 전에 대학 교수직을 정년퇴직하고 백수로 소일하면서 업계에 다니는 석사 과정 대학원생들을 대상으로 야간에 신소재공학에 관한 과목들을 강의하였다. 그러던 중에 재작년에 문득 생각이 들기를 이대로 늙어가기보다는 내 머리에 있는 지식을 더 늙기 전에 일반인들에게 쉽게 설명해 보는 게 어떨까 생각하게 되었다. 그래서 책상 위에 놓는 컴퓨터를 새로 구입하고 머리에 있는 생각들을 글로 써 내려갔다. 그 결과로 약 한 달 동안에 100여 페이지의 원고를 작성할 수 있었는데, 필자는 활자에 익숙한 세대인지라 책으로 발간하고 싶었다. 출판업에 문외한이었던 당시 수소문하여 보았으나 내 글을 출판해 주겠다는 출판사는 없었다. 그래서 책 출판에 관하여 공부를 하다가 작년 2월에 '무지개꿈'이라는 독립출판사를 세웠다.

작년 일 년은 그 전 해에 써둔 원고를 바탕으로 세 권의 책 즉 '드림 스펙트럼', '맥스웰의 무지개', '해따라기'라는 제목의 책을 출판하는데 다 보냈다. 약 일 년 동안 출판사 사장으로서 최소의 경비를 들여 회사를 운영하려고 하였으나, 결과는 큰 적자였다. 첫 책은 회사 사장인 제자들에게 판매하여 출판 비용은 뽑았으나 두 번째 책과 세 번째 책은 주위에 민폐를 끼치면 안 되겠다는 생각으로 그 방법을 포기하고 일반 대형 서점에 공급하는 방법을 택하였으나 판매가 수월하게 되지 않았다. 이제야 출판업계의 생리를 조금은 파악하게 되었고, 내 책을 선뜻 출판해 주겠다는 출판사가 없었던 이유를 알게 되었다. 그래도 작년 10월에 '종심지연(從心之宴) 겸 출판 보고회'라는 이름으로 나의 70회 생일과 책 출판을 기념하는 자리를 만들어 지인들을 초청하여 나름대로 하룻저녁을 즐겁게 보냈다.

회사가 비록 적자를 기록했어도 출판사를 폐업하기는 싫었는데, 새로이 글은 써지지 않았다. 작년 12월 중순부터 마음을 다잡고 쓰기 시작한 글이 본 책이다. 이번부터는 전문적이고 전공 냄새가 나는 책 제목을 달기로 마음먹었다. 어차피 책 출판으로 돈을 벌거나 유명해지고자 하는 마음은 처음부터 없었으니까 나 하고 싶은 대로 책을 발간하고 싶었다. 마침 다음 봄학기 야간 대학원 강의 과목의 제목이 '전지 소재 특론'이다.

CHAPTER 1

전기화학 개론

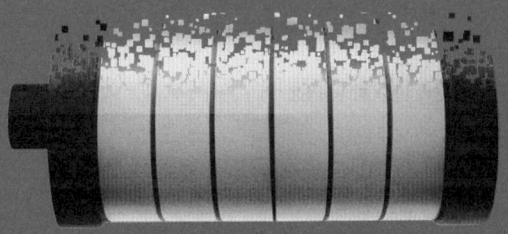

Electronic Materials

ELECTRONIC MATERIALS

1
원소 주기율표

    기원전 4세기경 그리스의 철학자 데모크리토스(Democritus)는 '모든 물질은 원자(原子, atom)로 이루어져 있다'라고 주장하여 원자론의 효시가 되었다. 데모크리토스의 이 원자론이 서양문명의 밑바탕이 되었으며, 이를 근거로 물리학과 화학이 발달하였다. 원자란 무엇인가? 국어사전을 찾아보면, 원자란 물질을 구성하는 기본적 입자이고 각 원소 각기의 특성을 잃지 않는 범위에서 가장 작은 미립자로서 원자의 중심에 원자핵(原子核, nucleus)이 있고 주위에 전자(電子, electron)가 있다고 기술되어 있다. 데모크리토스는 원자를 물질의 가장 기본적인 입자라고 보았는데, 현대 과학은 원자는 원자핵과 전자로 이루어져 있다고 보고, 더 나아가서 그 원자핵은 무엇으로 이루어져 있을까를 열심히 탐구하고 있다. 그래서 요즈음의 과학은 물질의 기본 입자라는 의미에서 원자라는 말 대신에 원소(元素, element)라는 표현을 쓴다.

러시아의 화학자 멘델레프(Dmitri Mendeleev, 1834~1907)는 1869년에 원소들을 질량의 순서로 배열하면 일정한 간격으로 비슷한 화학적 혹은 물리적 성질을 가진 원소들이 되풀이되어 나타난다는 주기율(periodic law)을 체계화하고 주기율표(periodic table)를 발간하였다. 현대의 양자 이론은 이보다 훨씬 뒤에 나타났지만, 멘델레프의 업적은 기본물질(primary matter)을 발견하려는 노력을 부활시켰다는 점에서 매우 중요하다. 멘델레프는 그때까지 알려진 63개의 원소를 질량의 순서대로 배열하였을 때 규칙적인 반복성이 있음을 알아냈고, 몇 개의 빈자리가 있음을 알게 되었는데, 이 빈자리는 당시까지 발견되지 않은 원자들이 차지할 것이라고 제안하였다.

현대의 양자 이론에 의하면 원자번호는 그 원소가 갖는 전자의 개수이다. 예를 들어 원자번호 1번인 수소(H)는 하나의 전자를, 원자번호 2번인 헬륨(He)은 두 개의 전자를, 원자번호 3번인 리튬(Li)은 세 개의 전자를 갖고 있다. 전자 하나는 1.6×10^{-16} C(쿨롱)의 음(−)전하를 띠고 있고, 각 원소의 가운데에 있는 핵에는 외곽에 있는 전자의 개수에 상응하는 양(+)전하가 존재한다. 자연계에 존재하는 원소 중에서 원자번호가 제일 큰 원소는 92번 우라늄(U)이다. 그 이상의 원자번호를 가지고 있는 원소는 인공적으로 합성되는데 대부분 유명한 과학자나 연구소 또는 국가의 이름이 붙여져 있다. 예를 들어 원자번호 101번인 원소는 멘델레프의 이름을 기려 멘델레븀(Md)이라고 명명되어 있다. 원소는 합성되었으나 아직 이름이 붙여져 있지 않은 원소들도 있다.

주기율표는 웬만한 과학 관련 서적에 다 나와 있다. 여기서는 인용을 생략한다. 비슷한 성질을 갖는 원소들은 세로줄로 묶여서 하나의 족(族, group)을 이룬다. 1족은 수소(H)와 리튬(Li), 나트륨(Na), 칼륨(K), 르비듐(Rb), 세슘(Cs), 프랑슘(Fr) 등의 원소가 속하는데 일명 알칼리 금속원소라고 부른다. 2족에 속해 있는 원소는 베릴륨(Be), 마그네슘(Mg), 칼슘(Ca), 스트론튬(Sr), 바륨(Ba), 라듐(Ra) 같은 원소인데 일명 알칼리토(alkali earth) 금속원소라고 불린다. 탄소(C), 규소(Si), 게르마늄(Ge), 주석(Sn), 납(Pb) 등의 원소들이 속해 있는 세로줄이 바로 4족이다. 7족은 할로겐 원소로 구성되는데, 이들은 기체 상태에서 이원자 분자가 되는 휘발성 비금속이다. 보통 1족인 알칼리 원소가 환원작용제로서 활성이 큰데, 7족인 할로겐 원소는 화학적으로 산화작용제로서 큰 활성을 갖는다. 불소(F), 염소(Cl), 브롬(Br), 요오드(I), 아스타틴(At) 등이 7족 원소이다. 8족은 불활성 기체로 이루어져 있는데, 헬륨(He), 네온(Ne), 아르곤(Ar), 제논(Xe), 라돈(Rn)이 그 예들이다. 8족 원소들은 실제로 다른 원소들과 어떤 화합물도 만들지 않으며, 원자들이 함께 묶여서 분자를 이루지도 않고 원자 하나하나가 독립적으로 기체를 이룬다.

주기율표에서 가로줄을 주기(週期, period)라고 한다. 각 주기를 가로질러 원소들의 성질을 비교하여 보면, 처음에는 활성이 강한 금속, 다음은 활성이 약한 금속, 그다음이 활성이 약한 비금속, 그리고 활성이 아주 큰 비금속, 마지막으로 불활성 기체의 순서로 원소들의 성질이 변한다. 이른바 전이원소나 희토류 원소들이 존재하는 주기율표의 영역은 모두 금속이다.

1주기에 속하는 원소는 원자번호 1번인 수소(H)와 2번인 헬륨(He) 원소이다. 처음의 세 주기는 중간이 떨어져 있다. 1주기에 속해 있는 두 원소는 16칸이나 떨어져 있다. 2주기와 3주기의 세 번째 칸에서 네 번째 칸 사이에는 열 칸이 비어 있다. 2주기에 속한 원소는 원자번호 3번인 리튬(Li)에서 시작하여 베릴륨(Be), 붕소(B), 탄소(C), 질소(N), 산소(O), 불소(F), 네온(Ne) 등이다. 3주기에 속한 원소는 원자번호 11번인 나트륨(Na)으로부터 시작하여 마그네슘(Mg), 알루미늄(Al), 규소(Si), 인(P), 황(S), 염소(Cl), 알곤(Ar) 등이다.

제4주기부터 2족과 3족 사이에 열 칸의 전이원소(transition element) 계열이 나타난다. 4주기의 전이원소는 원자번호 21번인 스칸듐(Sc)에서부터 티타늄(Ti), 바나듐(V), 크롬(Cr), 망간(Mn), 철(Fe), 코발트(Co), 니켈(Ni), 구리(Cu), 아연(Zn)의 열 가지 원소들이다. 전이원소는 전문적인 용어로 d 궤도에 전자를 가진 원소들이다. 전이원소에 속하는 원소들은 일반적으로 단단하고 녹는 점이 높은 화학적 성질이 상당히 닮은 금속들이다. 이들 열 개의 세로줄을 감안(勘案)하여 요즈음은 기존의 4족을 14족이라고 부른다. 마찬가지로 기존의 8족을 18족이라고 부르기도 한다.

6주기에 속한 원자번호 57번부터 71번까지의 15개의 전이원소를 란탄족 원소(lanthanide element) 혹은 희토류 원소 (rare earth element)라고 한다. 희토류란 문자대로 뜻을 풀이하면, 땅속에 희소하게 존재하는 원소라는 뜻이다. 실제로 희토류 원소는 평소에 별로 들어보지 못한 원소들이다. 비슷한 성질을 가진 원소들의 모임이 7주기에서도 나타나는데 이들을 악티늄족 원소(actinide element)라고 한다. 란탄족 원소 및 악티늄족 원소들은 전문적인 용어로 f 궤도에 전자를 보유하고 있는 원소들로서 주기율표에서는 밑으로 빼내어 따로 배열하고 있다.

멘델레프는 시베리아 태생으로 모스크바를 거쳐 화학을 공부하러 서유럽인 프랑스와 독일에 갔다. 1866년 그는 성 뻬쩨부르그(St. Petersburg) 대학의 화학 교수가 되었고 3년 후에는 초기판의 주기율표를 발간하였다고 한다. 필자가 한국산업기술대학교의 교수로 재직 중일 때 우크라이나(Ukraine)의 키에프 종합기술대학교(Kiev Polytechnic University, KPU)를 방문한 바 있는데, 그 학교 소개 문건에 멘델레프가 그 대학 교수였다고 소개되어 있었다. 그 학교의 캠퍼스가 고색창연하다는 인상으로 보아 그 대학이 그만큼 오래되었다는 증거로 언급한 것으로 생각하였다. 옛날에 그 지역은 러시아의 영토였는데 멘델레프 교수가 그 대학 교수도 겸임하고 있었다고 소개하였다. 필자가 우크라이나를 방문했을 때는 그 나라는 옛 소련 지금의 러시아에서 독립하여 엄연한 주권국가였는데, 현재는 러시아와 오랜 기간 전쟁 중이다. 방문 당시에는 수도 이름을 키에프로 알고 있었는데, 최근에 현지 말로 키이유가 맞는 표기라고 들었다. 필자 학교의 당시 영어 이름이 Korea Polytechnic University(KPU)로 양교의 영문 약자가 같아서 묘한 동질감을 느낀 적이 있다.

일본의 교토대학을 방문했을 때 구내 서점에 들렀더니 원소주기표를 관광상품으로 판매하였다. 일본어로 된 원소주기표에는 멘델레프에 대한 설명이 있고, 중앙 빈자리에 2002년까지의 노벨 물리학상, 화학상, 생리의학상 등 과학 관련 노벨상의 일본인 수상자 9명의 이름과 사진이 나와 있었다. 일본에 노벨 과학상을 1949년 처음으로 안겨준 유카와 히데키(1907~1981) 박사를 비롯한 많은 수상자가 교토대학과 인연을 맺고 있다는 점을 강조하기 위함인 것 같다. 이 밖에 여러 군데에서 원소주기표가 관광상품의 소재가 되고 있음을 발견하였다. 필자가 평소에 주기율표의 중요성을 강조하는 것을 보고 한 대학원생이 주기율표가 새겨진 아래 사진과 같은 머

그 컵을 학교 구내 서점에서 사서 필자에게 선물한 적이 있는데 지금도 간직하고 애용하고 있다.

| 주기율표가 새겨져 있는 머그컵 |

2
전자의 배타원리

이 우주에는 중량비로 수소(H)가 71%, 헬륨(He)이 27%를 차지하고 있다. 우리가 존재하고 있는 지각(地殼)을 이루는 원소는 산소(O)가 약 50%이고 그 뒤에 규소(Si) 약 26%, 알루미늄(Al) 약 8%, 철(Fe) 약 5% 정도가 존재하고 있다. 우리의 인체는 산소(65%), 탄소(18%), 수소(10%), 질소(3%)로 주로 이루어져 있다. 전자의 수가 늘어나면 원자의 종류는 무수히 많을 것으로 생각되는데, 왜 기본물질을 이루는 원소의 가지 수는 약 100개 정도에 불과할까? 이는 전자의 존재 방식에 기인하고 있다고 양자 이론은 설명하고 있다. 원자는 원자핵과 전자들로 구성되어 있다고 앞에서 언급한 바 있다. 전자가 존재하는 특성을 파울리(Wolfgang Pauli, 1900~1958)는 배타원리(Exclusion Principle) 이론으로 요약하였다. 주기율표는 원자 내의 전자배치에 관한 기본적인 원리를 알기 쉽게 표로 나타낸 것에 불과하다.

원자의 구조가 제대로 밝혀지기 전인 지금으로부터 약 150년 전에는 각 원소로부터 독특한 선 스펙트럼(line spectrum)이 나옴을 발견하고 이를 분석하여 원소의 종류나 원자의 구조를 알아내었다. 아래 그림과 같은 실험 장치로 원자 가스나 증기에 전류를 흘려주는 등의 적당한 방법으로 대기압보다 약간 낮은 기압에서 여기(勵起, excitation) 시키면 특정한 파장만을 갖는 복사선이 방출됨을 알았다. 이 기법을 분광학(spectrometry)이라고 불렀다. 모든 원소는 분광학에서 독특한 선 스펙트럼 특성을 나타낸다. 태양이 수소 가스와 헬륨 가스로 구성되어 있음도 태양 빛의 선 스펙트럼 분석으로부터 알아내었다. 원소의 선 스펙트럼 분석으로부터 현대 물리 특히 양자물리 이론이 태동 되었다.

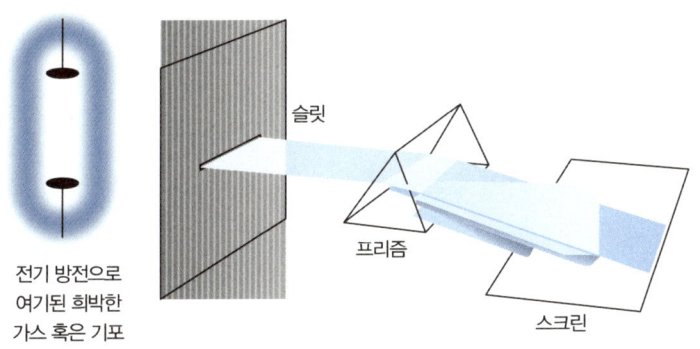

| 선 스펙트럼의 발생 원리 |

1925년에 파울리는 한 개 이상의 전자를 가지는 원자들의 전자 배치에 대한 기본적인 원리를 발견하고 이를 배타원리라고 명명하였다. 초창기의 양자물리학자들은 스펙트럼선들이 실제로는 간격이 아주 작은 이중선으로 이루어져 있다는 사실을 발견하고 그 이유를 설명하려고 노력하였다. 특히 시료를 자기장 속에 넣었을 때, 몇 종류의 원소들에서 스펙트럼선이 세 개의 성분으로 나누어지나, 태반의 원소들에서는 넷, 여섯, 또는 그보다 더 많은 성분이 나타난다. 파울리는 이러한 실험 결과를 설명하기 위하여, 전자의 스핀 개념을 사용하였다. 파울리는 각 원자에서 나오는 광자 선 스펙트럼을 연구하여 배타원리를 유추해 내었다. 파울리의 배타원리에 따르면, 한 원자에서 같은 양자 상태에 두 개 이상의 전자들이 함께 존재할 수 없다. 요즘의 정리된 양자 이론에 의하면, 네 가지 종류의 양자수(quantum number), 즉 주양자수, 궤도양자수, 자기양자수, 스핀 양자수가 존재하는데 한 원자에서 각각의 전자들은 모두 다른 양자수의 조합을 갖는다.

원자핵 주위에 존재하는 전자들은 허용된 양자 상태 중에서 에너지가 가장 낮은 상태부터 차곡차곡 하나씩 채워나간다. 원자번호 92번인 우라늄(U) 원자가 갖는 전자의 개수는 92개이다. 이때 전자의 배치 상태를 $1s^2\ 2s^2\ 2p^6\ 3s^2\ 3p^6\ 3d^{10}\ 4s^2\ 4p^6\ 4d^{10}4f^{14}\ 5s^2\ 5p^6\ 5d^{10}\ 5f^3\ 6s^2\ 6p^6\ 6d^1\ 7s^2$ 라고 나타낸다. 여기서 문자는 궤도양자수를 나타내는데, 궤도양자수가 0인 s는 영어로 sharp, 궤도양자수가 1인 p는 principal, 2인 d는 diffuse, 3인 f는 fundamental의 약자로 원자 선 스펙트럼의 연구 과정에서 나온 용어라고 하는데 오늘날의 양자 이론에서는 큰 의미가 없다. 각 문자 앞에 있는 숫자가 주양자수로 그 전자가 갖는 에너지 혹은 원자핵으로부터의 거리에 비례한다. 주양자수는 바로 주기율표에서 주기의 숫자에 해당한다. 첨자(upper suffix)로 표시된 숫자가 각 궤도에 속해 있는 전자의 숫자로서, 위 전자배치에 나타나 있는 첨자의 숫자를 모두 더하면 92가 된다. 자기양자수는 궤도양자수에 2를 곱하고 1을 더한 값인데 전자배치 표시에 바로 나타나지 않지만, s 궤도에 2(2×1) 개의 전자, p 궤도에 6(2×3) 개의 전자, d 궤도에 10(2×5)개의 전자, f 궤도에 14(2×7) 개의 전자를 수용할 수 있는 점과 연관이 있다. 전자는 자기양자수가 1, 3, 5, 7로 홀수를 좋아하나 보다. 전자의 스핀은 아주 작은 입자인 전자가 자전하고 있는 방향이 두 종류라는 뜻으로 스핀 양자수는 1/2과 −1/2의 두 가지이다.

현대의 과학지식에 의하면, 원자의 정 가운데에 원자핵이 있고 그 주위에 전자들이 원자번호 수만큼 있다고 이해하고 있다. 전자들 각각의 에너지 상태는 특정의 규칙 즉 파울리의 배타원리를 따르는데, 원소의 가지 수는 약 100개 정도로서 이 원소들이 물질의 기본을 이룬다. 이 100여 가지의 원소들이 이웃한 원소들과 분자나 화합물을 이룬다. 각 원소의 최외각에 있는 전자의 존재가 다른 원자들과 분자나 화합물을 형성할 때 중요한 역할을 한다. 이들 최외각 전자는 원자핵으로부터 멀리 떨어져 있어서 핵으로부터 큰 관심을 받지 못한다. 오히려 거추장스러운 존재이다. 외부의 유혹 혹은 외부의 작용으로 쉽게 최외각 전자를 잃을 수 있다. 이렇게 최외각 전자(들)가(이) 떨어져 나간 원자의 몸통을 그 원소의 이온(ion)이라고 한다.

주기율표에서 1족에 속해 있는 원소들의 최외각 전자는 하나로서 외부의 작용으로 쉽게 최외각 전자를 잃고 원소의 몸통은 +1의 양전하를 띤 이온이 된다. 이때 이 숫자를 원자가(原子價, valence)라고 하고, 그 전자를 원자가 전자(valence electron)라고 말한다. 여기서 원자가로 번역되는 valence는 영어의 value에 해당하는 말로써 아마도 프랑스어에서 유래한 것 같다. 원자가는 그 원자가 다른 원자와 반응 혹은 결합할 때의 몸값이라고 생각하면 된다. 당연히 2족에 속해 있는 원자들은 원자가가 +2이다. 비슷한 논거로 7족 원소는 -1의 원자가를 갖고 6족 원소는 -2의 원자가를 갖는다. 마찬가지 논거로 보면, 불활성 원소들의 원자가는 0이다.

전이원소의 원자가는 여러 개가 될 수 있다. 그래서 전이원소(transition element)라고 부르는가 보다. 예를 들어 철(Fe)의 경우 적철광(Fe_2O_3)일 때 +3, 자철광(Fe_3O_4)일 때 +4이다. 망간(Mn)의 경우는 더 복잡해서 +2에서 +6까지 다섯 가지로 다양하다(MnO, Mn_3O_4, Mn_2O_3, MnO_2, MnO_3). 코발트도 여러 가지 원자가를 갖고 있으나 +2가와 +3가가 일반적이다. 니켈은 +1과 +2의 원자가가 일반적인 것으로 알고 있다.

한 원자의 원자가는 다른 원자와 거래할 때 즉 화합물을 형성할 때 그 원자의 값어치이다. 8족 혹은 18족에 속해 있는 불활성 기체 원소는 모두 원자가가 0이다, 이 원자들은 다른 원자와 거래할 전자가 없다. 다른 원자들을 소 닭 보듯 한다. 그래서 8족에 속해 있는 원소는 하나의 원자가 독립적으로 상온, 상압에서 기체로 존재하게 된다. +1인 원자가를 갖는 1족에 있는 원자가 −1인 원자가를 갖는 7족의 원자를 만나게 되면 쉽게 1:1의 비율로 화합물을 형성한다. 소금 즉 염화나트륨(NaCl)이 대표적이다. 그러나 나트륨(Na) 원자가 6족의 산소(O) 원자를 만나면 2:1의 비율로 산화나트륨(Na_2O) 화합물을 형성한다. 비슷한 논거로 2족 원소인 칼슘(Ca)이 7족 원소인 염소(Cl)를 만나면 염화칼슘($CaCl_2$)을 형성하고 6족 원소인 산소(O)를 만나면 산화칼슘(CaO)을 만든다. 마찬가지로 2족 원소인 마그네슘(Mg)이 산화되면 MgO가 되지만 3족 원소인 알루미늄(Al) 원자가 산화되면 Al_2O_3가 된다. 이렇게 형성된 화합물은 각 원자 간에 이온결합을 하고 있다고 말하고 이들을 이온 결정이라고 말한다.

그러나 4족에 속해 있는 탄소(C), 규소(Si), 게르마늄(Ge) 원소들은 상황이 좀 다르다. 이 원소들은 최외각 전자의 숫자가 4이다. 네 개의 이웃 원자와 전자 하나씩을 공유함으로써 최외각의 전자의 수가 8이 되어 드디어 안정하게 상온 상압에서 고체로 존재할 수 있다. 3차원적으로 볼 때 네 개의 이웃한 원자들은 각각 주위에서 새로운 원자 세 개의 이웃 원자와 안정한 결합을 이루려고 할 것이다. 이러한 원자들의 결합을 우리는 공유결합(covalent bond)이라고 말하고 이런 결정을 우리는 공유결정(covalent crystal)이라고 말한다.

분자를 이루는 대표적인 결합의 종류로 이온결합과 공유결합을 드는데, 이는 우리가 결합을 보는 관점의 문제이다. H_2 분자 혹은 다이아몬드 결정은 순수한 공유결합을, NaCl 결정은 순수한 이온결합을 이룬다고 보는데, 실제로 대부분의 분자 혹은 결정에서는 원자들이 전자들을 불공평하게 나누어 갖는 중간 형태의 결합이 일어난다고 보고 있다. 이온결합을 공유결합의 극단적인 경우라고 생각할 수도 있다.

같은 종류의 원자들이 무수히 많이 모여 있으면, 각 원자는 최외각 전자들에 대한 소유권을 포기하고 원자들끼리 가까이 존재하는 상태 즉 결합 상태를 유지할 수 있다. 이 경우가 이른바 금속결합이다. 이 경우 최외각 전자들은 원래 속해 있던 원자핵으로부터 해방되어 자유롭게 결정 내를 움직일 수 있게 되는데, 이를 자유전자(free electron)라고 부른다. 자유전자가 존재하는 결정은 도전체(conductor)로서 금속이 전기를 잘 통하게 되는 이유이다. 알루미늄 원자의 최외각 전자 수가 셋이므로 1몰의 알루미늄 원자 즉 아보가

드로 수(약 6,020해)만큼의 무수한 알루미늄 원자들에 대하여 세배나 많은 전자가 자유전자로 존재하므로 전기를 잘 통한다고 볼 수 있다.

　이처럼 어떤 물질이 갖는 전자들이 소재 혹은 재료의 성질을 좌우한다. 원자구조에 있어서 전자 한 개의 숫자 차이로 원소들의 화학적 성질이 매우 다르게 나타난다. 원자번호가 9, 10, 11인 원소들은 각각 화학적으로 활성이 큰 할로겐 기체인 불소(F), 불활성 기체인 네온(Ne), 그리고 알칼리 금속인 고체 나트륨(Na)이 된다. 이렇듯 원자핵보다 전자의 존재 양상이 더 많이 소재(재료)의 성질을 결정한다고 볼 수 있다. 이것이 바로 재료공학자들이 물질이 갖는 전자의 성질에 대해 많이 알고 있어야 하는 이유이다.

3

산화·환원과 이온화 경향

몇 가지 원소와 산소와의 반응 현상을 대표적으로 몇 개 열거해 보고자 한다.

❶ $2H_2(g) + O_2(g) = 2H_2O(l)$

❷ $C(s) + O_2(g) = CO_2(g)$

❸ $2Mg(s) + O_2(g) = 2MgO(s)$

❹ $4Fe(s) + 3O_2(g) = 2Fe_2O_3(s)$

위에서 ❶번 반응은 기체인 수소 분자가 기체인 산소 분자와 반응하여 액체인 물이 되는 과정을 화학식으로 표시한 것이다. ❷번에 예로 든 화학반응식은 고체인 탄소 원자가 기체인 산소 분자와 반응하여 기체인 이산화탄소가 형성되는 과정으로 일반적으로 연소(燃燒, combustion) 현상이라고 말한다. ❸번과 ❹번은 각각 고체인 마그네슘 원자와 철 원자가 산소 원자를 만나 산화물이 되는 과정을 나타낸 것이다. 철이 대기 중의 산소 분자를 만나면 표면이 녹쓸었다고 말하는데, 일반적으로 금속 원자가 산소를 만나면 산화되었다고 말한다. 그러나 ❶번에서 표현한 반응 현상을 수소가 산화되었다고 말하지는 않는다. 마찬가지로 ❷번 반응에서 탄소가 산화되었다고 일컫지는 않는다. 그러나 위에 열거한 현상들은 넓은 의미에서 모두 산화 반응이라고 볼 수 있다.

본래 산화 반응(oxidation reaction)은 금속이 산소와 결합하여(oxidize), 산화물(oxide)이 되는 반응을 의미하고, 환원 반응(reduction reaction)은 산화물에서 산소가 빠져나가 원래 금속 상태로 되돌아간다(reduce)는 의미였다. 이 반응과정에 전자가 관여된다는 것이 밝혀진 뒤, 그 의미가 확장되어 화학반응에서 전자를 얻는 반응을 산화 반응, 반대로 전자를 잃는 반응을 환원 반응이라고 표현하고 있다. 결국 산화 반응이란 어떤 물질이 전자를 잃어버리는 반응을 의미한다. 예를 들어, 금속인 철(Fe) 원자가 전자 2개를 잃어버리면 Fe^{2+} 이온으로 변하는 것을 말한다. 반대로 Fe^{2+} 이온이 전자 2개를 받아서 Fe 원자로 변하는 반응을 환원 반응이라 부른다. 위 네 개의 화학반응에서 정반응은 산화 반응, 역반응은 환원 반응이라고 볼 수 있다.

이 산화·환원 과정을 산화수(oxidation number)의 변화로 표현할 수 있다. 산화수는 앞 절에서 언급한 원자가(valence)와 같은 말이다. Fe 원자는 산화수가 0이며, Fe^{2+} 이온이 되면 이온의 전하를 나타내는 +2가 산화수가 된다. Fe가 Fe^{2+}로 되는 반응은 산화수가 0에서 2로 증가하는 것인데 산화 반응이라 하고, Fe^{2+}가 Fe로 되는 반응은 산화수가 2에서 0으로 감소(reduce)하는 것으로 환원 반응이라 부른다. 이러한 산화·환원 반응과정에서 주목할 것은 전자이다. 어느 한쪽 원자에서 전자를 잃게 되면 반드시 다른 원자에서 그 전자를 받아들여야 한다. 전자를 생성하는 반응을 산화 반응이라 하고, 전자를 받아들이는 반응을 환원 반응이라 하며 이 두 반응은 반드시 동시에 발생한다. 산화가 되기 쉬운 반응종과 환원이 일어나기 쉬운 반응종이 접촉하게 되면 산화가 되기 쉬운 반응종에서 산화 반응이 발생하여 전자를 내어주게 되고, 환원이 일어나기 쉬운 반응종은 환원 반응이 발생하여 전자를 받아들이게 된다.

원자가 산화 또는 환원되려는 경향은 각 원자의 고유한 성질이며 원자 상호 간에 상대적인 경향이라 할 수 있다. 일반적으로 산화·환원 반응이 쉽게 발생하는 물질은 금속 물질로 금속 원자가 전자를 잃어버리면서 산화되어 금속이온이 되고, 금속이온이 전자를 받아들이면서 환원되어 금속 원자로 바뀌는 반응이 발생한다. 여러 금속은 그 종류에 따라 이온화되려는 정도의 차이를 가지고 있으며, 이를 금속의 이온화 경향이라고 한다. 그 경향성은 K, Ca, Na, Mg, Al, Zn, Fe, Ni, Sn, Pb, H, Cu, Hg, Ag, Pt, Au의 순서이다. 금속의 이온화 경향은 일반적으로 주기율표에서 1족인 알칼리금속(alkali metal)과 2족인 알칼리토금속(alkali earth metal)이 높고, 전이원소인 귀금속(novel metal)이 낮다. 이온화 경향이 높을수록 이온으로 쉽게 변하려는 성향을 지니고 있다. 반대로 이온화 경향이 낮은 금속은 쉽게 이온화되기 어렵고 고체 금속 상태로 존재하려는 경향이 크다.

현재 실용되고 있는 전지는 대부분 산화·환원 반응을 이용한 것이다. 어떤 전해질 용액에 산화·환원 전위가 다른 두 개의 산화·환원 계가 있을 때 두 전극 간에는 전위차가 생기고, 이 전위차에 의해 전지가 형성된다. 일반적으로 이들 전지는 수용액 상태의 전해질 용액에서 일어나는 전기화학적 반응을 이용하여 고안되었다. 전지를 제대로 이해하려면 전기화학적 지식이 필요하다.

4

산화·환원 쌍

　이온화 경향이 높은 금속과 이온화 경향이 낮은 금속이 서로 접촉하게 되는 예를 상정해 보자. 이 경우 이온화 경향이 높은 금속의 원자는 전자를 내어놓고 이온으로 바뀌려고 한다. 반면에 이온화 경향이 낮은 금속의 이온은 전자를 받아들이는 환원 반응이 발생하여 금속 원자로 자발적으로 바뀌려는 성향을 가지고 있다. 예를 들어, 한 계에 아연(Zn)과 구리(Cu)가 존재하는 경우를 가정해 보자. 한 용액 내에 두 고체 금속(Zn, Cu)과 두 이온(Zn^{2+}, Cu^{2+})이 모두 존재하고 있는 것으로 아래 그림에 나타내었다. 이 경우 주요하게 고려할 것이 두 가지가 있다. 우선 Zn은 Cu보다 이온화 경향이 커서 용액 내에 이온으로 존재하려 하고, Cu는 고체 내에 원자로 존재하려는 성향을 가지고 있다. 그리고 또 하나는 산화 반응과 환원 반응은 동시에 일어나야 하며, 산화 반응에서 생성되는 전자의 양과 환원 반응에서 사용되는 전자의 양은 같아야 한다.

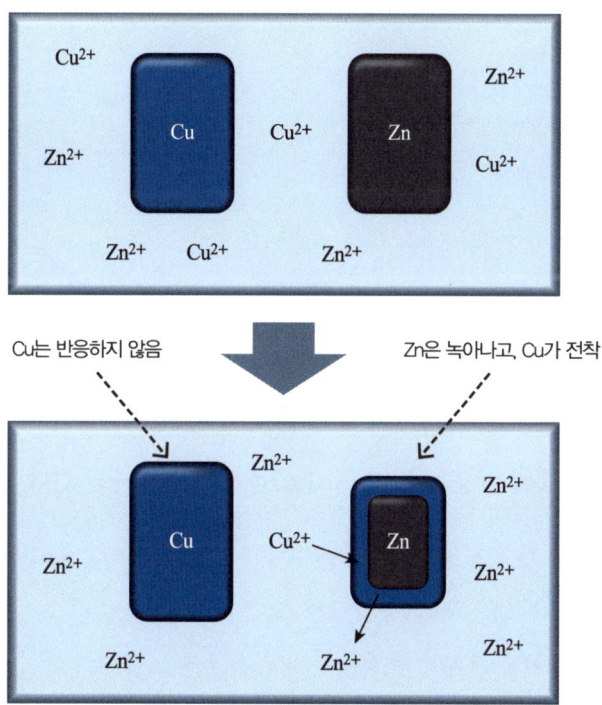

| Cu와 Zn의 이온화 경향 차이에 의한 반응모식도 |

발생 가능한 산화 반응과 환원 반응은 각각 두 가지이며 아래와 같다.

〈산화 반응〉

Zn → Zn^{2+} + $2e^-$ (1)

Cu → Cu^{2+} + $2e^-$ (2)

〈환원 반응〉

Zn^{2+} + $2e^-$ → Zn   (3)

Cu^{2+} + $2e^-$ → Cu   (4)

산화 반응 중 1종과 환원 반응 중 1종이 발생하여 반드시 쌍을 이루어야 하는데, Zn이 Cu보다 이온화 경향이 높으니까, Zn은 이온화가 되고 Cu가 금속 원자로 바뀌는 (1) 반응과 (4) 반응이 이루어지게 되어 총괄 반응(overall reaction)을 적으면 아래와 같다.

〈총괄 반응〉

Zn + Cu^{2+} → Zn^{2+} + Cu

따라서 Zn 금속은 점차 녹아서 용액 속으로 빠져나가고 용액 속에 녹아있는 구리 이온은 점차 고체상의 금속 구리로 생성된다. 그런데 여기서 주목해야 하는 것은 Cu^{2+} 이온이 금속 원자가 되기 위해서는 전자가 필요한데, 이 전자는 Zn이 녹아 나가며 산화되어야 생성되기 때문에, 이 전자를 전달받을 수 있는 Zn의 표면에서만 Cu^{2+} 이온의 환원이 가능하다. 따라서 시간의 경과에 따라 초기에 존재하였던 Cu 금속은 형태가 변하지 않으나 Zn 금속은 녹아 나가서 크기가 감소하고 그 표면에는 Cu가 전착(電着, electrodeposition)된다. 이른바 금속 도금(electroplating)이 일어나게 된다.

이 도금 기술이 오래전부터 인류의 인기를 끌어왔다. 특히 금이나 은 등 귀금속을 싼 금속 위에 얇게 도금(메끼)하는 기술은 큰 비용의 저감을 가져왔다. 우리 인류가 도금의 원리를 완전하게 파악한 것은 200년이 되지 않는다. 이 도금 반응은 전자의 수만큼만 반응하기 때문에 녹아 나간 Zn의 양과 생성된 Cu의 몰(mol) 수는 같다. 이러한 생각은 우리의 화학지식의 진보와도 궤도를 같이한다. 이러한 화학반응은 별도의 에너지가 공급되지 않아도 위와 같은 구성이 되면 자발적으로 진행하게 된다.

5
전기화학 셀

한편 산화·환원 반응이 일어나는 과정에서 매개체 역할을 하는 전자를 전달해 줄 수 있는 도선을 외부에 연결하면, 산화 반응과 환원 반응을 각각 분리하여 진행할 수 있다. 아래 그림에 이 반응의 모식도를 나타내었다. 기본적인 구성은 앞 절 그림의 경우와 같으나 차이점은 격막(분리막)으로 두 개의 공간을 분리하고 한쪽에는 Cu와 Cu^{2+} 이온으로 구성하고, 반대쪽은 Zn과 Zn^{2+} 이온으로 구성한 상태에서 두 금속 사이에 전자의 전달이 가능하도록 외부에 도선으로 연결하는 구조로 구성된 점이다.

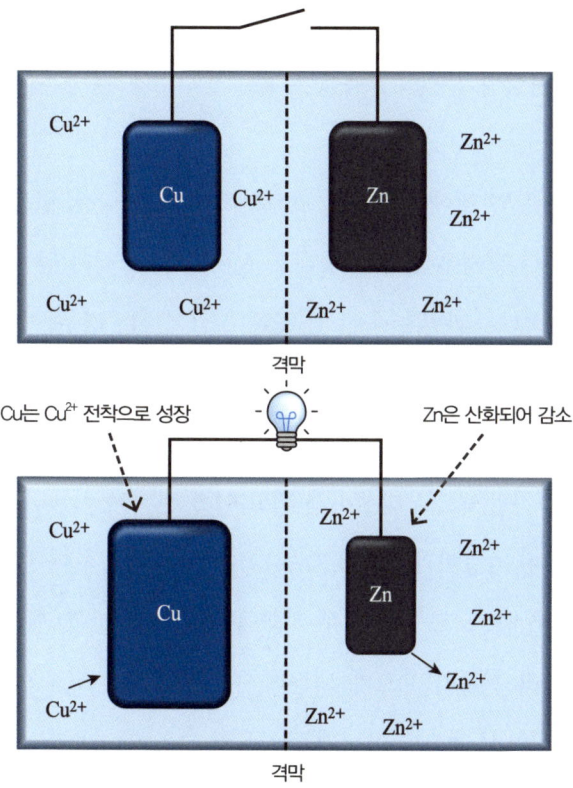

| Cu와 Zn으로 구성된 전기화학 시스템 |

    도선의 연결이 끊어진 상태에서는 전자의 전달이 일어나지 못하기 때문에 Cu^{2+} 이온이 Cu로 환원될 수 없으며, Zn이 Zn^{2+} 이온으로 녹아 나갈 수도 없는 상태이기 때문에 반응이 발생하지 않는다. 그러나 도선으로 두 금속을 연결하면 Zn이 Zn^{2+} 이온으로 산화되면서 생성된 전자가 도선을 타고 이동하여 Cu^{2+} 이온을 Cu로 환원시키는 반응이 진행된다. 이로써 Cu^{2+}와 Zn으로 구성된 초기 상태보다 더욱 안정한 상태인 Cu와 Zn^{2+}로 변화하게 된다. 이 도선 상

에 전구를 달게 되면 전류(current)가 흘러 전구에 불이 들어오게 된다. 이런 현상이 전기의 흐름을 유체로 생각하게 된 연유이다.

이 과정은 앞 절에서 설명한 예, 즉 직접 산화·환원 반응이 한 곳에서 일어나는 경우와 같은 형태로 진행된다. 그러나 앞 절 그림과 같이 직접 산화·환원 반응이 한 곳에서 일어나는 경우는 에너지 상태의 차이에 해당하는 에너지가 발열 등으로 바로 소모되는 반면에 이 그림과 같이 산화와 환원으로 지역이 구분된 계에서는 전자의 흐름이 자발적으로 발생하게 되고 이를 전기적인 에너지로 변환시키는 것이 가능하다. Cu와 Zn 사이에는 에너지 차이에 해당하는 전압이 발생하고, 도선으로 두 지역을 연결하면 산화·환원 반응의 진행에 따라 전류가 흐르게 되는데, 이 전류를 우리는 휴대전화나 전기자동차에서 필요한 에너지로 사용할 수 있다.

위 경우와 같이 산화 반응과 환원 반응이 일어나는 곳을 분리하고 도선으로 연결하여 놓은 것을 전기화학 셀(electrochemical cell) 혹은 전지라고 부른다. 여기서 산화·환원 반응이 일어나는 곳을 전극(electrode)이라 부르며, 이온이 전달되는 매개체를 전해질(electrolyte)이라고 칭한다. 모든 전기화학 셀은 기본적으로 두 개의 전극과 하나의 전해질로 구성된다.

앞 절의 전기화학 시스템과 비교하면 Cu와 Zn 금속이 두 개의 전극이 되며, Cu^{2+} 및 Zn^{2+} 이온이 녹아있는 용액을 전해질(electrolyte)이라 부른다. 위 그림과 같이 전기화학 셀이 구성되고 자발적으로 반응이 진행되는 셀을 갈바니 전지(galvanic cell)라고 하며, 자발적으로는 반응이 진행되지 않고 외부에서 에너지를 공급하게 되면 반응이 진행되는 셀을 전해 전지(electrolytic cell)라 부른다. 먼저 갈바니 전지에 대하여 살펴보게 되면, Cu의 표면에서 Cu^{2+} 이온이 환원되므로 Cu는 환원 전극이 된다. 이같이 환원 반응이 발생하는 전극을 캐소드(cathode)라고 말한다. Zn은 산화반응을 일으켜서 Zn^{2+} 이온으로 녹아 나가게 되는데, 이같이 산화 반응이 일어나는 전극을 애노드(anode)라고 부른다.

도선을 기준으로 보면 Zn 극에서 생성된 전자가 이동하여 Cu 극으로 전달되고, Zn 극이 전자가 풍부하여 낮은 전위를 지니게 되므로 이를 음극(negative electrode)이라 칭하며, 반대로 Cu 극은 전자의 에너지가 낮아서 전자를 계속 받아들이는 상태가 되므로 더 높은 전위를 지니고 있어 양극(positive electrode)이 된다. 따라서 전자는 음극에서 생성되어 양극으로 흐르게 되며, 전류(current)는 정의대로 그 반대로 양극에서 음극으로 흐르게 된다. 전류가 흐르는 방향은 전자가 발견되기 전에 전기를 연구하는 과정에서 정의되었다.

지금까지의 논의를 정리하면, 이온화 경향이 커서 산화되기 쉬운 금속으로 구성된 전극은 음극이 되며, 상대적으로 이온화 경향이 낮아서 환원 반응이 발생하는 금속은 양극으로 동작하게 된다. 이 과정만을 보게 되면 Zn은 음극이자 산화 전극인 애노드가 되며, Cu는 양극이자 캐소드가 되는데, 자발적으로 반응이 진행되는 갈바니 전지에서만 그렇다는 것을 명심해야 한다.

표준 환원 전위

두 금속의 산화·환원의 경향성을 이온화 경향으로 해석하게 되면, 금속의 이온화 반응에 대해서만 산화·환원을 논할 수 있는 한계점이 있다. 또한 상대적인 순서만을 알 수 있을 뿐, 각각의 산화·환원 쌍(redox pair)의 열역학적인 데이터를 알 수가 없다. 그래서 이온화 경향이 아닌 반응 전위(reaction potential)로 산화·환원의 경향성을 표현한다. 각각의 산화 또는 환원 반응의 절대적인 전위는 알 수 없고, 하나의 반응에 대한 전위차 또는 전압으로 표현하고 있다.

여기에서 기준이 되는 반응으로 수소(H_2) 가스의 환원 반응을 사용하고 있다. 이를 바탕으로 가장 일반적으로 사용되는 것이 표준 환원 전위(standard reduction potential)이다. 물에서 수소 이온이 환원되는 반응과의 전위 차이를 전압으로 표시하는 값으로 그 값이 양의 방향으로 클수록 환원 반응이 자발적으로 발생하게 된다. 이같이 표준 환원 전위는 표준 수소전극과 환원이 일어나는 반쪽 전지를 결합하여 만든 전지에서 전위의 차이를 측정하여 나타낸다. 이의 모식도를 아래 그림에 나타내었다. 산화·환원의 경향성을 파악할 수 있도록, 수소의 환원 전위를 기준으로 상대적인 환원 경향을 측정한다. 이때의 화학반응을 통상적으로 반쪽반응(half reactions)이라고 말하는데, 대표적인 환원 반응의 표준 환원 전위 값을 반쪽반응식과 함께 다음 표에 나타내었다.

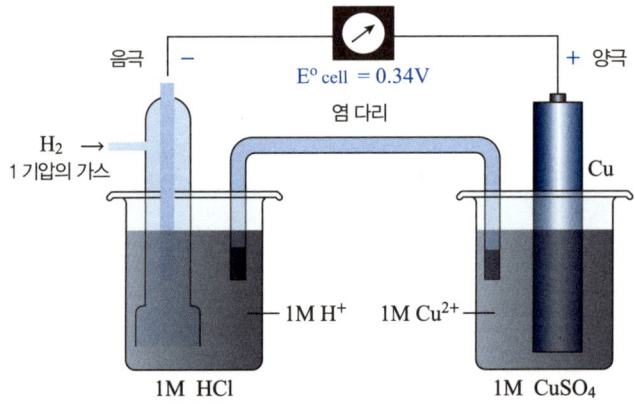

| 표준 환원 전위 측정을 위한 구성도 |

표. 대표적인 반쪽반응의 표준 환원 전위

반쪽반응식(half-reactions)	표준 환원 전위(E_o), V
$Li^+(aq) + e^- = Li(s)$	−3.040
$K^+(aq) + e^- = K(s)$	−2.924
$Na^+(aq) + e^- = Na(s)$	−2.713
$Al^{3+}(aq) + 3e^- = Al(s)$	−1.676
$Zn^{2+}(aq) + 2e^- = Zn(s)$	−0.763
$Fe^{2+}(aq) + 2e^- = Fe(s)$	−0.440
$2H^+(aq) + 2e^- = H_2(g)$	0.000
$Cu^{2+}(aq) + e^- = Cu(s)$	+0.340
$I_2(s) + 2e^- = 2I^-(aq)$	+0.535
$Ag^+(aq) + e^- = Ag(s)$	+0.800
$Br_2(l) + 2e^- = 2Br^-(aq)$	+1.065
$Cl_2(g) + 2e^- = 2Cl^-(aq)$	+1.358
$Au^+(aq) + e^- = Au(s)$	+1.680
$F_2(g) + 2e^- = 2F^-(aq)$	+2.866

범례: l(liquid) 액체, s(solid) 고체, g(gas) 기체, aq(aqueous) 수용액

이 표에서 수소 이온이 환원되어 수소 가스가 되는 반응이 기준이다. 이때 수소의 표준 환원 전위는 0(영, zero)V라고 정의한다. 금(Au)의 경우는 이온화 경향이 매우 낮은 금속으로 표준 환원 전위는 1.68V로 높은 값이다. 표준 환원 전위가 가장 낮은 금속은 리튬으로 −3.04 V이다. 이는 리튬 이온(Li^+)을 금속 리튬(Li)으로 환원시키기가 가장 어려운 금속이라는 의미이다. 리튬(lithium) 원소가 금,

은, 구리 같은 귀금속보다 표준 환원 전위가 높아 좋은 전지 소재라고 알려지게 되었다.

앞선 절에서 설명한 Cu와 Zn으로 구성된 전기화학 셀을 기준으로 보게 되면, Zn^{2+}의 표준 환원 전위는 $-0.763V$이고, Cu^{2+}의 표준 환원 전위는 $+0.340V$이다. 표준 환원 전위가 더 높은 값인 Cu가 환원이 쉽게 발생하며 Zn의 경우는 산화가 쉽게 발생하는 것을 의미한다. 따라서 이 반응은 자발적으로 Cu가 환원되고, Zn이 산화되는 반응이 발생하게 될 것으로 판단할 수 있다. 이 반응의 전위를 각각 표현하면 아래와 같다.

〈반쪽 반응〉

$Zn^{2+} + 2e^- \rightarrow Zn \quad E_o = -0.763V$

$Cu^{2+} + 2e^- \rightarrow Cu \quad E_o = +0.340V$

각각의 표준 환원 전위는 환원 반응을 기준으로 설정되어 있으므로, Cu^{2+}의 환원 반응은 그대로 적용하고, Zn은 산화되므로 Zn^{2+}의 환원 반응이 일어나는 것이 아니라 그 역반응이 발생하는 것이다. 따라서 그 역반응을 표현하여야 한다. 따라서 총괄 산화·환원 반응에서 발생하는 전압은 $+0.340V$와 $-0.763V$의 차이 값인 $+1.103V$가 된다. 반응의 전압값이 양(+)이 되는 것은 이 반응이 자발적으로 발생함을 의미한다.

〈총괄 반응〉

$$Zn + Cu^{2+} \rightarrow Zn^{2+} + Cu \qquad E_o = +1.103 \text{ V}$$

아연(Zn)과 구리(Cu)의 산화·환원 쌍이 바로 현대적인 형태의 배터리의 원형인 볼타전지(voltaic cell)이다. 이탈리아의 볼타(Alessandro Volta, 1745~1827)가 1799년에 구리와 아연판을 적층하고, 그 사이에 소금물을 적신 모피 디스크를 끼워 넣어 전지를 최초로 발명하였다. 물론 이때 여러 가지 금속판이 후보로 시도되었다.

총괄 반응의 전압값이 양의 값을 지니는 경우는 자발적인 반응을 나타내며 이와 같은 전기화학 셀을 앞서 언급한 바와 같이 갈바니 전지(galvanic cell)라고 한다. 갈바니 전지는 자발적으로 발생하는 수많은 전기화학 시스템이 포함되는데 대표적인 것이 바로 건전지, 알칼리 전지, 수은 전지 등이 있고, 또한 자연계에서 부식(corrosion) 반응과 연료전지(fuel cell) 등이 대표적이다.

반대로 총괄 반응의 전압이 음이 되는 반응은 실제로 일어나지 않는 반응을 의미하는데, 이 경우에는 외부에서 따로 에너지를 가하여 주지 않으면 반응이 진행될 수 없다. 이 경우에 음의 전압 이상으로 외부에서 전압을 인가하면, 이러한 반응도 일어날 수 있게 되는데 이를 전해 전지(electrolytic cell)라고 한다. 전기분해(electrolysis)나 전해도금(electroplating)과 같은 경우에는 자발적으로는 반응이 진행되지 않으나 외부 전원을 이용하여 전기화학적으로 물의 전기분해처럼 물질을 합성하거나 도금 등을 할 수 있어서 금속의 표면처리 등에 사용되고 있다. 수산화나트륨(NaOH)의 생산이나 알루미늄, 리튬 등의 이온화 경향이 높은 금속의 제조 등에 사용되고 있는 것이 전해 전지이다.

갈바니 전지는 앞서 설명한 바와 같이 양극에서는 환원 반응이 발생하고, 음극에서는 산화 반응이 발생하지만, 전해 전지에서는 자발적으로 발생 되지 않는 비자발적인 반응을 외부의 에너지를 이용하여 발생시키는 시스템이기 때문에, 정반대의 반응이 발생하게 되므로, 전해 전지에서는 양극에서 산화 반응이 일어나고 음극에서는 환원 반응이 일어난다. 따라서 갈바니 전지에서는 양극이 캐소드가 되고 음극이 애노드가 되지만, 전해 전지에서는 양극이 애노드가 되고 음극이 캐소드가 되는 형태를 가진다.

전기화학 반응

 두 금속 소재 A, B가 반응하여 전도체인 AB 상(相)을 형성하는 간단한 화학반응을 생각해 보자. 이 반응에서 A, B 금속을 반응물 (reactant), AB 상을 생성물(product)이라고 부른다.

$$A + B = AB$$

 이 반응의 구동력은 생성물(AB)과 반응물(A, B)의 표준 깁스 자유 에너지(standard Gibbs free energy) 값의 차이이다. A와 B가 단순 원소일 경우 위 반응을 AB의 생성반응이라 한다. 원소의 표준 깁스 자유에너지는 0(영, zero)이라고 정의하니까, 위 반응의 몰당 깁스 자유에너지 변화는 생성물 AB의 몰당 생성 깁스 자유에너지(Gibbs free energy of formation), $\Delta G°(AB)$가 된다.

만약 이 반응이 전기화학 반응(electrochemical reaction)으로 일어날 경우, 시간의 경과에 따른 미세구조의 변화는 다음 그림과 같이 나타낼 수 있다. 이것이 바로 전지에서의 반응을 모식적으로 보여주는 대표적인 그림이다. 일반 화학반응과 달리 전기화학 반응의 경우에는 전해질(electrolyte)이라는 새로운 상이 시스템에 존재한다. 전해질은 이온은 통과시키나 전자의 이동을 막는 필터 역할을 한다. 전해질은 A 또는 B 이온 중에서 최소한 하나 이상을 함유하여야 하며 전기적으로는 부도체(insulator)여야 한다.

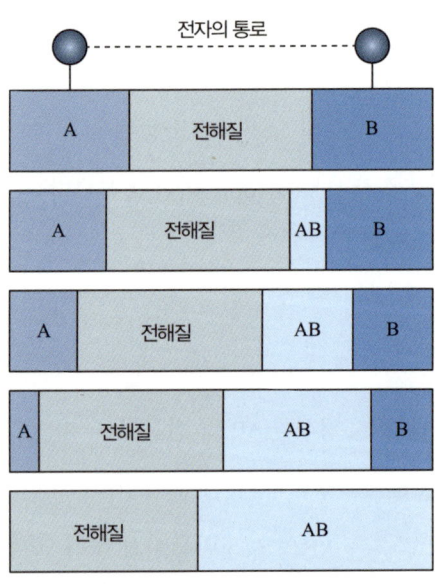

| 전기화학 반응의 모식도 |

여기서 A와 B 사이의 반응은 이온이 아니라 전기적으로 중성인 원자들 간의 접촉으로 이루어진다. 따라서 반응이 진행되기 위해서는 시스템 내에서 전자를 이동시킬 수 있는 통로가 반드시 존재해야 한다. 일반적으로 A와 B를 연결하는 외부 전기회로가 이 역할을 담당한다. A^+ 이온을 함유하는 전해질을 통해 A가 이동하는 경우, A^+ 이온에 의한 전하 이동을 보상해 주기 위해서 음으로 대전(帶電)된 입자인 전자(e^-)가 외부회로를 따라 같은 숫자만큼 즉 같은 속도로 이동해야 한다.

전지에서 일어나는 물리적 현상을 일반인들에게 쉽게 설명하기 위해서 종종 국제적인 무역사례를 들기도 한다. 우리나라는 옛날 개발 연대에 신용장(Letter of Credit, L/C) 내도액 총액을 매달 언론에 발표하여 수출액의 변동 추이를 일반인들도 쉽게 파악할 수 있게 하였다. 다른 나라에서 물품을 수입하려면 먼저 은행에 가서 물품 대금을 예치하고 물품 판매자에게 주문서와 함께 은행이 발행한 신용장(L/C)을 보낸다. 수출하려는 업체는 상대국 업체가 보낸 주문서대로 물품을 보통 배로 선적하고 관련 서류 사본을 전신이나 팩스로 주문자에게 보낸다. 여기서 배로 보내지는 물품이 전지로 보면 이온이고 관련 부속서류가 전자라고 보면 된다. 물품을 보낸 수출업자는 국내 은행에 가서 관련 서류를 제출하면 은행으로부터 대금을 받는다. 돈이 수입업자에서 수출업자에게 지급되는 과정은 전지에서 보면 전류가 음극에서 양극으로 흐르는 것이라고 볼 수 있다. 전류의 방향은 전자의 이동 방향과 반대이다.

물품의 수출입 과정에서 물품의 이동 시간은 상당히 길지만, 서류나 돈이 오가는 속도는 아주 빠르다. 은행의 신용을 바탕으로 대금 지불에 관련된 일이 제도적으로 이루어진다. 전지에서 전자는 빨리 움직이지만, 이온의 이동속도는 느리다. 그래도 음극을 떠난 이온과 전자가 동시에 양극에 도착해야 전지는 제대로 작동한다. 물품 선적이 비행기도 가능하지만, 운송비가 더 들고 일부 품목은 항공사에서 안전을 이유로 받아주지 않는다. 해상 운송이 일반적이나 두 나라가 육로로 연결되어 있다면 철도나 자동차 운송도 가능하다. 전지에서 볼 때 전해질이 액체로 되어 있으면 액체를 통한 이온의 이동이 쉽고 대규모 이동이 가능하다. 요즘 화두가 되어 있는 전고체 전지는 전해질이 고체 물질로 되어 있다. 육상 운송은 한 번에 보내지는 물품의 양이 배보다 적을 수밖에 없고 철도나 고속도로가 부설되어 있어야 한다. 즉 고체 전해질 내의 이온의 이동이 쉬운 일이 아니다.

이렇게 A^+ 이온은 전해질 내부로 이동하며 전자는 외부 도선을 통해 집전체(current collector) 안으로 들어간다. 집전체는 전기가 잘 통하는 금속판으로 되어 있다. 보통 금속의 이온화 경향을 고려해 전지의 양극에는 알루미늄(Al) 금속판을 음극에는 구리(Cu) 금속판을 사용한다. 전해질을 건너온 A^+ 이온들은 반대편 계면인 전해질/AB 계면에서 외부회로를 통해 온 전자와 합류하여 A 원자가 되고 곧 B 원자와 반응하여 고체상의 AB를 형성한다. 그림에 나타낸 것처럼 A/전해질 계면과 전해질/AB 계면은 시간의 경과에 따라 점점 왼쪽으로 이동한다. 이 과정 중에 AB 상(相) 내에서는 A와 B의 상호확산이 필수적으로 일어나야 하며, AB 상은 전기적으로 전도성이 우수해야 한다.

앞 절에서 전지의 동작 전압은 전지의 음극과 양극을 형성하는 핵심 물질의 표준 환원 전위 값으로부터 알아낼 수 있다고 했다. 한편으로 동작 전압은 전지에서 일어나는 총괄적인 화학반응의 깁스 자유에너지(Gibbs free energy) 값으로부터 다음 식으로 계산할 수 있다.

$$\Delta G° = -z \cdot F \cdot E$$

여기서 $\Delta G°$는 전지에서 일어나는 총괄적인 화학반응의 표준 생성 깁스 자유에너지(standard Gibbs free energy of formation)로써 그 단위는 J/mol이다, F(Faraday)는 전자 1몰의 전기량으로 F = $(6.02 \times 10^{23}$개/몰$) \times (1.6 \times 10^{-19}$C/개$)$ = 96,487C/mol이다. 1 F(패러데이)는 아주 오래된 실험 데이터에 의한 값으로 보통 96,500C/mol로 알려져 있다. 전자 한 개가 운반하는 전기량이 1.6×10^{-19}C(쿨롱)이다. 위 식에서 E는 두 전극 사이의 전압(V)으로서 표준 전극전위, 동작 전압, 출력 전압, 셀 전압(voltage)이라고도 불리며 단위는 V(볼트)이다. 또 z는 화학반응에서 이동하는 이온의 전하수(charge number)로 산화수 혹은 원자가와 같은 값이다. 에너지의 단위 J(Joule, 주울)는 충전 용량 C(Coulomb, 쿨롱)와 전압 V(Volt)의 곱으로 나타낼 수 있다. 전자 하나의 전기량이 1.6×10^{-19}C이므로 1eV = 1.6×10^{-19}J이다.

이른바 수소 연료전지(fuel cell)에서 수소(H_2) 가스는 음극에, 산소(O_2) 가스는 양극에 공급된다. 전지 반응의 결과물로 물(H_2O)이 생성된다. 음극과 양극에서 일어나는 화학반응을 각각 써 보고 전체 반응을 생각해 보면 다음과 같다.

음극 반응 $H_2 + 2e^- = 2H^+$
양극 반응 $(1/2) O_2 = O^{-2} + 2e^-$
전체(총괄) 반응은 $H_2 + (1/2) O_2 = 2H^+ + O^{-2} = H_2O$

전체 반응인 물(H_2O)의 표준생성 Gibbs 자유에너지는 −237kJ/mol이다. 연료전지의 표준전극전위(E) 값을 위 식으로부터 구할 수 있다. 이 식에서 z = 2, F = 96,500C/mol을 쓰고 계산하면, E = (−237×1,000J/mol) / (− 2×96,500 /mol) = 1.228J/C이 된다. 즉 E = 1.228V이다. 수소연료전지 셀(cell) 하나의 동작 전압은 약 1.23V이다.

현재 전지가 사용되는 휴대전화나 전기자동차에서 배터리의 단위 무게 당 특성이 매우 중요하다. 전지의 단위 무게 당 가능한 전기량을 비용량(specific capacity)이라고 하는데 단위로 mAh/g을 쓴다. 여기서 용량(capacity, Q)은 전기량을 의미하는데, 단위로 C(쿨롱)를 쓴다. 전기화학 시스템에서는 단위시간에 흐르는 전기량을 전류(I)라고 부르고 단위로 암페어(Ampere, A)를 쓴다. 그러니까 흐르는 전기에서는 Q = It {전류(A, 암페어) × 시간(s)}으로 표시되는데, 통상 용량은 mAh(milli Ampere hour)로 표시한다. 단위 무게 당 가능한 에너지를 비에너지(specific energy)라고 하는데, 단위는 보통 Wh/kg이다. 단위 무게 당 가능한 출력을 비출력(specific power)이라고 부르고 단위는 보통 W/kg을 쓴다. 에너지의 단위는 J(Joule)이고 출력량(power)의 단위는 W(Watt)이다. [W] = [J]/[s]이니까, 에너지(J)는 출력량(W) × 시간(s)으로 표시할 수 있고, 통상 kWh(kilo Watt hour)로 나타낸다.

한편 휴대용 기기에 사용되는 배터리는 단위 부피 당의 특성도 중요하다. 단위 부피에 저장 가능한 전기량을 용량 밀도(capacity density)라고 하는데, 보통 mAh/cc의 단위를 쓴다. 단위 부피당 가능한 에너지는 에너지밀도(energy density)라고 하며 Wh/l로 표시한다. 단위 부피 당 가능한 출력은 출력밀도(power density)라고 하며, 보통 W/l로 표시한다. 일반적으로 용량 등과 같은 전지 성능이 크게 줄어들지 않고 전지를 사용할 수 있는 횟수를 수명(cycle life)

이라고 하여 전지의 중요 특성이지만, 무선 전동공구 같은 경우 단위 부피 당 낼 수 있는 출력인 출력밀도가 매우 중요하다. 1 l(리터)는 1,000cc(cubic centimeter)이다. 밀도라는 말은 어떤 수치를 단위 부피로 나눈 값이란 뜻이다. 예를 들어 물은 밀도(density)가 1g/cm³인데, 부피 1cc짜리 물의 중량이 1g임을 의미한다.

보통의 전지 시스템은 최대 성능을 발휘하지 못한다. 그중에서 한 가지 원인으로 에너지 변환 화학반응에 참여하는 여러 가지 수동 요소(passive component)가 전지 내에 존재하기 때문이다. 예를 들어 전해질과 전극 사이의 기계적 접촉을 막는 분리막(separator), 전기를 셀 내부로 흐르게 해 주는 집전체(current collector), 그리고 전지의 용기(container)가 대표적인 수동 요소들이다. 이들은 엄연히 무게와 부피를 차지하고 있지만, 전기에너지와 화학에너지의 변환에 아무런 역할을 하지 못한다. 과거의 수용액 전해질 전지 시스템은 비에너지가 이론적 최대치의 1/5에서 1/4밖에 나타내지 못했다. 현재는 여러 가지 요소들의 최적화를 통해서 전기화학 시스템의 성능이 상당히 높아지게 되었다. 반면에 전지의 성능에 직접적인 영향을 주는 물질 혹은 재료를 영어로 active material, 우리말로 활물질이라고 하는데, 양극과 음극에 사용되는 중심 재료이다.

전지의 최대이론비에너지(maximum theoretical specific energy, MTSE)는 $-\Delta G°/W_t = zFE/W_t$로 표시되는데, 여기서 W_t는 전지

화학반응에 참가하는 물질의 원자량(atomic weight) 또는 분자량(molecular weight)의 합이다. 만약에 전지 반응물의 표준생성 깁스 자유에너지, $\Delta G°$, 값을 알 수 있으면, 바로 이 값을 화학반응에 참가하는 물질의 분자량으로 나누면 최대이론비에너지(MTSE) 값을 얻을 수 있다. 그러나 전지의 동작 전압값이 주어지고 이온의 전하수 값이 1이라면 MTSE = $26,805E/W_t$ Wh/kg이 된다. 예를 들어 [Li / LiCl-KCl 전해질 / Li_xBi] 구조의 전기화학 셀에서 이온의 전하수 z = 1이고, 동작 전압값은 0.787V, Li과 Bi의 원자량이 각각 7과 210이니까, LiBi의 최대이론비에너지(MTSE) 값은 $26,805 \times 0.787 / (7+210)$ Wh/kg = 97.2 Wh/kg이 된다. 여기서 F는 패러데이 상수로서 96,500C/mol, E는 동작 전압(V), W_t는 반응물의 원자량 혹은 분자량의 합(g/mol)이다. 분자량이나 원자량은 보통 단위가 없고, 여기에 g(gram)을 붙이면 아보가드로 수, 즉, 1mol의 원자 또는 분자의 무게이다. 1 J/s = 1 W니까, 1 J = 1 Ws이다. 1 Wh = 3,600 Ws = 3.6 kJ이므로 1 kJ = (1/3.6) Wh이다. 위 식에서 26,805라는 숫자는 96,500을 3.6으로 나눈 것이다.

CHAPTER

2

리튬이온전지

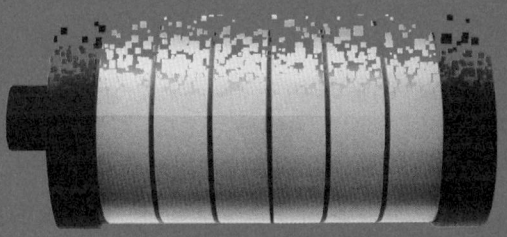

Electronic Materials

ELECTRONIC MATERIALS

8
일차전지와 이차전지

현대적인 배터리의 시조인 볼타전지는 배터리의 원형이었다는 점에서 과학적 의미가 매우 크지만 실제로 상용화에 성공한 전지는 아니었다. 최초의 실용화된 전지는 영국의 다니엘(John Frederic Daniel, 1790~1845)이 1836년에 발명한 다니엘 전지이다. 구리와 아연 금속판을 산(酸) 용액에 담가 전류를 생성하는 원리를 적용했는데, 안정적인 전압과 전류를 공급할 수 있어서 당시에 전신(電信, telegraph) 기기에 주로 사용되었다. 이후 망간 전지, 알칼리망간 전지 등으로 발전하며 건전지(乾電池)란 이름으로 다양한 곳에 사용되고 있다.

전지 혹은 배터리는 에너지를 화학에너지 형태로 저장하고 있다가 필요할 때 다시 전기에너지로 변환하는 기능을 하고 있다. 전지 속에 있던 화학에너지가 전기에너지의 형태로 변하는 과정을 방전(放電, discharge)이라고 하는데 이는 우리가 전기를 사용하는 상태를 뜻한다. 반대로 전기에너지를 전지에 공급해서 화학에너지의 형태로 변환하는 과정을 충전(充電, charge)이라고 한다. 전지 중에서 방전만 한번 하고 폐기되는 것을 일차전지(一次電池, primary battery) 혹은 통상적으로 건전지라고 부른다. 위의 볼타전지, 다니엘 전지, 망간 전지 등이 모두 일차전지이다. 충전과 방전을 일정한 횟수만큼 반복적으로 진행할 수 있어 재사용이 가능한 전지를 이차전지(二次電池, secondary battery) 혹은 충전지(rechargeable battery)라고 한다.

방전은 우리가 휴대전화 등 기기를 사용할 때 배터리에서 일어나는 현상이다. 집이나 직장에서 충전기에 휴대전화를 꽂아 놓아 전력회사에서 공급하는 전기에너지를 사용하여 휴대전화 등 기기의 에너지를 높이는 행위를 충전이라고 한다. 충전기는 따지고 보면 교류전기를 저전압의 직류 전기로 바꾸어 주는 변환기(converter)에 지나지 않고, 배터리는 에너지를 화학에너지의 형태로 저장해 둔다. 전기자동차는 휘발유 대신 전기를 충전한다. 보통의 자동차는 주유소(注油所)에서 주유를 제때 해야 한다. 그런데 LPG(liquefied petroleum gas) 즉 액화석유가스 연료를 공급하는 업소를 충전소(充塡所)라고 한다.

LPG 가스를 넣는 행위는 충전(充塡)이다. 생활영어로 'Fill her up.'이라는 표현이 있다. 주유소에서 자동차의 휘발유를 '가득' 넣으라는 말이다. 이때 영어 fill에 해당하는 말이 충전(充塡)인데 이 한자를 '충진'이라고 잘못 읽는 사람들이 있다. 소총에 탄환 '일발 장진'이 아닌 '일발 장전(裝塡)'이 맞는 말이듯이 충전이 맞는 말이다.

한편 최초의 이차전지는 요즘도 내연기관 자동차에서 전기 공급 장치로 널리 사용되는 납축전지이다. 이것은 1859년 프랑스의 플랑테(Gaston Plante, 1834~1889)가 발명했는데, 그 개량형이 지금도 사용되고 있다. 납축전지는 납 전극에 전해질로 황산을 사용한다. 가격이 저렴하고 신뢰성이 큰 장점이 있다. 그 뒤에 개발된 이차전지가 니켈 카드뮴, 일명 니카드(NiCd) 전지이다. 1899년 스웨덴의 융너(Waldemar Jungner, 1869~1924)가 발명했으며, 초기의 침수형 전지 형태에서 밀봉 형태의 전지로 발전하였다. 니켈 카드뮴 전지는 소형 전자기기, 장난감, 전동공구, 무선전화기 등 여러 가지 전자기기에 이차전지로 사용되었다. 그러나 카드뮴 금속에 독성이 있어서 그 대안으로 수소저장합금을 사용한 니켈 수소(Ni-Metal Hydride) 전지가 개발되었다. 니켈 수소 전지는 기존의 니켈 카드뮴 전지 시장을 급속히 대체하였으며, 니켈 카드뮴 전지보다 에너지밀도가 높다는 특성으로 일본 자동차 회사는 이를 하이브리드 자동차에 채용하기도 하였다. 납축전지에서 니켈 카드뮴 전지, 니켈 수소 전지로 발전하면서 이차전지의 응용처가 점점 넓어졌다.

현재까지 대표적인 전지의 개발 역사를 정리하면 다음과 같다. 괄호 안의 화학식은 순서대로 각 전지에서 양극, 전해질, 음극에 사용된 주요 물질을 나타낸다.

1800 Volta 전지의 발명 (Cu / H_2SO_4 / Zn)

1836 Daniel 전지의 발명 (Cu / $CuSO_4$ / $ZnSO_4$ /Zn)

1859 Plante 납축전지의 발명 (PbO_2 / H_2SO_4 / Pb)

1868 망간 전지 고안 (MnO_2 / $NH_4Cl \cdot ZnCl_2$ / Zn)

1882 알칼리 망간 전지의 발명 (MnO_2 / KOH / Zn)

1883 산화은전지의 발명 (AgO / KOH / Zn)

1899 Ni-Cd 전지, Ni-Zn 전지 발명

1901 Ni-Fe 전지(일명 Edison 전지) 발명

1917 공기-아연 전지의 발명 (O_2 / KOH / Zn)

1942 수은 전지의 발명 (HgO / KOH / Zn)

1970 Li/$SOCl_2$ 일차전지 발명

1973 Li/MnO_2 일차전지 발명

1981 양극 물질 리튬전이금속산화물($LiMeO_2$) 특허 출원

1990 Ni/MH 전지 상용화

1991 Li 이온 전지 첫 상용화(Sony) ($LiCoO_2$ / $LiPF_6$ / C)

1994 미국 Bellcore 리튬 이온 폴리머 전지 특허 출원

1996 양극 물질 $LiFePO_4$ 특허 출원

위에서 이미 전지를 이루는 요소에 대해서 언급하였다. 전지의 4대 요소는 양극, 음극, 전해질, 분리막이다. 이 중에서 양극, 음극, 전해질은 전기분해에서도 그대로 사용되고 있다. 이 용어들은 모두 1830년대에 패러데이(Michael Faraday, 1791~1867)가 전기분해 실험을 수행할 때 친구들의 도움으로 만들어 낸 말들이다. 특히 패러데이는 용액 속에 담긴 회로의 단자를 지칭하기 위해 극(pole) 대신에 전극(electrode)을 사용할 것을 제안하였다. 또한 용액에 전류를 흘려서 구성성분으로 분리하는 과정을 전기분해(electrolysis)로, 여기서 사용되는 용액을 전해질(electrolyte)이라고 부르자고 제안하였다. 그는 양전극을 양극(anode)으로 음전극을 음극(cathode)으로 명명하고 양이온(anion), 음이온(cation), 이온(ion) 등의 용어도 제안하였다.

앞에서 이미 설명하였거니와 전지에서 일어나는 현상은 전기분해의 역과정이다. 이차전지에서는 산화와 환원 두 현상이 충전과 방전 과정에서 교대로 양쪽 전극에서 일어난다. 요즈음의 정의에 의하면 전지에서는 방전 시를 기준으로 환원 반응이 일어나는 전극을 양극(positive electrode, cathode)이라고 부르고 산화 반응이 일어나는 전극을 음극(negative electrode, anode)이라고 부른다. 따라서 전지에서 양극 재료는 영어로 cathode material, 음극 재료는 anode material이라 부른다.

전지 개발의 역사는 양극과 음극에 적용되는 활물질(active materials)의 개발과 궤를 같이하지만, 새로운 전해질(electrolyte)의 개발도 큰 역할을 해왔다. 앞 절에서 언급한 대로 전해질의 기본 요건은 양극이나 음극의 활물질 중에서 적어도 하나가 이온으로 용해될 수 있어야 한다. 볼타전지를 비롯한 전지 개발의 초기에 많이 연구된 전해질은 수계 전해액이었다. 대표적으로 내연기관 자동차의 배터리인 납축전지를 들 수 있다. 납과 산화납 사이에 묽은 황산 용액을 넣은 전지이다. 물이 들어가도 좋은 것을 자동차 배터리 유지 보수 과정에서 경험했을 터이다. 충·방전 과정에서 황산(H_2SO_4)으로부터 나온 양성자(H^+) 즉 수소 이온이 산소 이온과 반응하여 물이 형성된다. 그 뒤에 KOH 같은 알칼리 용액이 전해질로 각별한 조명을 받아 일차전지인 건전지에 오늘날까지 쓰이고 있다. 그 뒤에 유기질 용매에 특수한 물질을 녹여서 제조한 유기 전해질이 연구되어 리튬이온전지 등에 사용되고 있다.

전지의 4대 요소 중 분리막(separator)은 격리막 혹은 격막이라고도 하며 전기적으로 양(+)과 음(-)을 분리해 주는 역할을 한다. 그렇지 않으면 전기적으로 두 전극이 연결(short)되는 결과를 가져와 큰 사고로 이어질 수 있다. 오늘날 격막은 보통 멤브레인(membrane)이라고 부르는 얇은 고분자 막으로 되어 있다. 이 고분자 막은 절연체로 그 막에 있는 아주 작은 구멍 사이로 이온만 통과할 수 있다.

9
리튬의 등장

앞에서 예로 든 금속 전극을 채용한 전지나 전기도금의 경우 환원이 일어나는 전극 위에 금속 이온이 착착 들러붙게 되어 있다. 전극의 미세한 구조를 살펴보면 평면에 새로운 금속 원자가 들러붙는 것이 아니고 수지상(樹枝狀, dendrite)으로 금속 원자가 달라붙는다. 여기서 수지상(樹枝狀)이란 나뭇가지 모양으로 여러 가닥으로 뻗은 모양을 의미한다. 아무튼 금속 표면이 미려해야 전착(전기도금)이 잘 되었다고 평가한다. 그러나 금속 이온이 양극과 음극 사이를 왔다 갔다 해야 하는 이차전지에서는 이러한 전극에서의 현상이 장애요인이 될 수 있어서 볼타전지 등이 일차전지에 머물 수밖에 없다.

표준 환원 전위를 나타내는 앞 절의 표에서 원소 중에서 표준 환원 전위가 가장 낮은 금속이 리튬이다. 자연히 아연(Zn)이나 납(Pb) 대신에 리튬 금속이 전지의 음극 재료로 각광(脚光)을 받게 되었다. 리튬 원소는 원자번호가 3번으로 원자량이 6.941이다. 이 말은 리튬 원자 1몰(mol), 즉 아보가드로 수(N = 6.02×10^{23})만큼의 리튬 원자의 무게가 6.941g이라는 의미이다. 원자번호가 26인 철(Fe) 원소의 원자량이 55.85이니까 비슷한 부피로 비교했을 때 리튬의 무게는 철 무게의 약 1/8 정도 된다. 원자번호가 82번인 납(Pb) 원소와 비교하면 납의 원자량이 207.2이니까 리튬의 무게는 납의 약 1/30 정도이다.

리튬 원소는 원소 주기율표에서 1족에 속하는 알칼리금속이다. 리튬은 1817년 스웨덴의 젊은 광물학자에 의하여 발견되고 명명되었는데, 그리스어로 '돌'을 의미하는 'lithos'에서 따왔다고 한다. 반도체 위에 회로를 새겨 넣는 작업을 의미하는 영어의 '리소그라피(lithography)'라는 말과 어원이 같다. Lithium을 '리슘'으로 읽어야 하는지 '리튬'으로 발음해야 하는지 논란이 있었지만, 현재는 관습적으로 리튬으로 읽고 있다. 리튬 원소는 지각에 약 0.006% 존재하는 희유원소로서 볼리비아, 아르헨티나, 칠레, 오스트레일리아 등에 주로 매장되어 있다고 알려져 있다. 1818년에 영국의 전기화학자 데이비(Humphry Davy, 1778~1829)가 처음으로 전기분해를 통해 순수한 리튬 원소를 뽑아내었다. 주기율표 1족에 속하는 리튬

(Li), 나트륨(Na) 등의 금속은 반응성이 높아서 그 원소들만 이루어진 금속으로 뽑아내기가 쉽지 않았지만, 야금 기술의 발달로 그것이 가능하게 됨으로써, 리튬 금속 포일(foil)의 제조가 실현되었다. 그래도 여전히 리튬 포일은 반응성이 높아 쉽게 화재에 이를 수 있으므로 실험실에서 취급에 주의하여야 한다.

일반적으로 전지에서 에너지를 많이 뽑아내기 위해서는 양극과 음극 사이에 기전력이 커야 한다. 리튬은 원자량이 6.941로 작아 품고 있는 이론 비용량(단위 무게당 용량) 값이 (96,500 C/mol) / (3.6 C/mAh) / (6.941 g/mol) ≈ 3,860 mAh/g으로 크고, 표준 환원 전위가 −3.04 V로서 가장 작은 값을 가지고 있어서 전지의 음극 재료로 큰 주목을 받게 되었다. 그러나 리튬의 정제 기술 문제와 안전성 문제로 인해 1960년대가 되어서 리튬 금속을 전지에 채용하기 위한 연구가 시작되었다. 납축전지와 Ni-Cd 전지가 1800년대 후반에 이미 개발되기 시작한 것에 비하면 매우 늦은 출발이다. 초기에 개발된 리튬전지는 충·방전 시에 음극으로 사용된 리튬 금속의 수지상(dendrite) 생성으로 가역성과 안전성에 큰 문제가 있었다. 따라서 초기의 리튬전지는 카메라나 시계에 장착되는 일차전지 위주로 개발이 되었으며, 이차전지는 안전성과 리튬 금속의 가역성 등의 문제점으로 인해 사용되지 못하였다.

특히 1980년대 후반 세계 최초로 캐나다의 Moly Energy 사가 리튬 금속을 음극으로 사용하고 양극으로 MnO_2를 사용하여 만든 리튬 이차전지의 화재 및 폭발사고가 발생하면서 더욱 큰 제약을 받게 되었다. 그러나 이 문제는 리튬 금속을 사용하지 않고 충·방전 시 리튬 이온이 양극과 음극 사이를 교대로 드나드는 반응의 원리를 이용한 'rocking chair battery'란 개념이 프랑스의 연구자들에 의해 소개되면서 해결의 실마리를 찾아 나갔다. 충·방전 시에 리튬 이온이 양극과 음극 사이를 왔다 갔다 하는 현상을 표현하기 위하여 한때는 일명 'swing battery', 혹은 'shuttle battery'란 이름으로 불리었다. 1990년 일본 쏘니(Sony) 사가 양극 재료로 $LiCoO_2$를, 음극 재료로 탄소(흑연)를 사용하여 처음으로 상용화하면서 리튬이온전지(Lithium Ion Battery, LIB)라 명명하였는데, 현재는 공칭 용어로 리튬이온전지, 약어로 LIB라는 용어가 사용되고 있다. 일본이 리튬이온전지를 상용화함으로써 다시 리튬이온 이차전지 개발의 기폭제가 되었고 현재까지 전 세계적으로 많은 연구와 실용화가 진행되었다.

LIB뿐만 아니라, 고분자 전해질을 사용하는 리튬 폴리머 전지(Lithium Polymer Battery, LPB) 또는 플라스틱 리튬이온전지(Plastic Lithium Ion Battery, PLIB)와 음극을 리튬 금속으로, 양극을 황 화합물로 사용하는 리튬/황 전지(Lithium/Sulfur Battery)에 관한 연구도 리튬이온 이차전지의 용량 증가와 안정성의 확보라는 측면에서 진행되었다. 리튬이온전지의 개발과 생산의 역사를 정리하면 다음과 같다.

1818년 영국의 화학자 Davy, 처음으로 리튬 원소 분리

1960년 미국 NASA, 리튬 일차전지 연구 개시

1970년 미국 Li/SO_2 리튬 일차전지 개발, $Li/SOCl_2$ 리튬 일차전지 개발

1973년 일본 마쓰시타, 불화 흑연 리튬 일차전지 $(Li/(CF)_n)$ 개발

1975년 일본 마쓰시타, 이산화망간 리튬 일차전지 (Li/MnO_2) 개발

1978년 프랑스 Armand, Lithium Polymer Battery(LPB) 제안

1979년 캐나다 Hydro-Quebec 회사, EV용 LPB 연구 개발 착수

1980년 프랑스 Armand, 리튬 swing 전지 제시. 영국 AEA, $LiMeO_2$ 첫 특허 획득

1970~1980 양극으로 전이금속산화물, 음극으로 리튬 금속 혹은 Li-Al 합금 연구

1987년 일본 아사히카세이 회사, 도전성 고분자를 음극으로 하는 리튬 이차전지 개발

1987년 캐나다 Moli Energy 회사, Li/MnO_2 이차전지 개발 (화재 발생)

1988년 일본 마쓰시타(松下) 회사, 3V급 $V_2O_5/Li-Al$, $V_2O_5/Li-Nb_2O_5$ 이차전지 개발

1989년 일본 쏘니(Sony) 회사, $LiCoO_2/Carbon$ 이차전지 특허 획득

1991년 일본 쏘니(Sony) 회사, $LiCoO_2$/Carbon 이차전지 첫 상품화

1994년 미국 Bellcore 회사, LIPB(Lithium Ion Polymer Battery) 특허 획득

1999년 한국 LG화학, 리튬이온 이차전지 첫 양산

2000년 한국 삼성SDI, 리튬이온 이차전지 첫 양산

10
리튬이온 일차전지

대규모집적회로(very large scale integration, VLSI circuit)를 시작으로 반도체 산업의 급속한 발전에 힘입어 전자부품과 전자기기가 소형화 및 경량화되어 왔다. 이런 기기의 동력원으로 사용되는 전지도 소형이면서 고용량, 고출력이 요구되었다. 리튬 일차전지는 고에너지 밀도 전지로서 주목받는 대표적인 전지이다. 리튬 일차전지는 미국의 항공우주국(NASA)을 중심으로 연구 개발이 시작되었고, 1970년대 일본에서 민수용으로, 미국에서는 주로 군수용을 중심으로 실용화되었다. 리튬 일차전지는 리튬 금속을 음극활물질로 사용하고, 비수계 전해액을 사용하는 특징을 갖고 있으며, 200Wh/kg 이상의 고에너지 밀도, $-40 \sim +70°C$의 넓은 작동 온도 범위,

우수한 장기 보존성이 자랑이다.

현재 리튬 일차전지로는 불화탄소 리튬전지, 이산화망간 리튬전지, 이산화황 리튬전지, 염화티오닐 리튬전지 등이 실용화되었다. 지금까지 실용화된 양극활물질로는 금속 할로겐화물, 산화물, 황화물 등 다수의 물질이 사용되고 있고, 음극활물질인 리튬이 물과 격렬히 반응하므로 전해질로는 비수계(非水界)의 전해액을 사용하여야 한다. 전해질로는 $LiClO_4$, $LiPF_6$ 등을 카보네이트(carbonate) 계열의 혼합 용매에 녹인 유기 전해액을 주로 사용한다. 개발 초기에는 이론적으로 고에너지 밀도가 기대되는 불화 구리, 불화 니켈 등의 양극활물질이 유기 전해액에 용해되는 보존 특성의 악화로 실용화에 필요한 제조기술개발이 활발히 진행되었으며, 그 결과 일본에서 양극활물질로 불화탄소를 이용한 리튬 일차전지를 상용화하였으며, 곧이어 이산화망간을 양극활물질로 하는 리튬 일차전지가 개발되었다. 미국에서는 SO_2, $SOCl_2$, SO_2Cl_2를 전해액과 겸한 양극활물질로 사용하는 리튬 일차전지가 군용 등의 특수용도를 중심으로 실용화되었다.

전해질 용액의 용매로서 물 대신 유기용매를 사용할 경우, H/H^+ 쌍보다 훨씬 더 양성을 갖는 리튬과 같은 금속들을 Zn 아말감, Pb 및 Cd 등의 음극 대신으로 대체시킬 수 있다. 알칼리금속과 알칼리토금속에 대해 환원되지 않는 유기용매 속에서 실험이 이루어졌다.

이들 금속 중에서 리튬을 음극으로 하고 어떤 액체나 고체를 양극으로 하여 구성된 전지는 매우 높고 넓은 전위 영역(3.9~1.5V)을 가지며 넓은 온도 범위에서 고에너지 밀도와 고출력 밀도를 갖는다. 이와 같은 이유로 1960년대 초기에 미국에서 리튬이온전지에 대한 개발이 시작되었다. 현재는 세계 각국에서, 특히 미국과 일본 등지에서 군사용, 우주과학용, 인체공학용, 기타 상업용으로 이용하기 위해 리튬이온전지 개발이 활발히 연구되고 있다. 리튬이온전지의 이론적 에너지는 3.6V에서 1.46Wh/g이며, 현재에는 100mAh로부터 15,000Ah까지의 용량을 가지는 다양한 크기의 전지가 개발되고 있다. 1.50V 정도의 전위를 갖는 Li/CuS, Li/CuO 및 Li/FeS2 전지 등은 대부분이 전자시계, 계산기, 카메라 그리고 CMOS 소자 등에 널리 이용되고 있다. 3.0V 정도의 전위를 갖는 Li/MnO_2 등의 리튬 일차전지는 가볍고 높은 전압을 요구하며 보존수명이 긴 전지를 필요로 하는 군사용, 우주과학용 및 인체공학용으로 널리 사용되고 있다.

리튬 일차전지는 양극활물질의 종류에 따라 전지 특성이 차이가 있다. 다음 표에 각종 리튬 일차전지의 구성 물질, 공칭전압 및 화학반응식을 정리하였다. 그 뒤에 대표적인 리튬 일차전지를 몇 가지 소개하기로 한다.

표. 리튬 일차전지의 구성 물질과 반응식

전해액	양극활물질	공칭전압 (V)	화학반응식
유기 전해액	$(CF)_n$	3.0	$(CF)_n + nLi \rightarrow nCLiF$
	MnO_2	3.0	$MnO_2 + Li \rightarrow LiMnO_2$
	SO_2	3.0	$2SO_2 + 2Li \rightarrow Li_2S_2O_4$
무기 전해액	$SOCl_2$	3.6	$SOCl_2 + 4Li \rightarrow S + SO_2 + 4LiCl$
유기 전해액	CuO	1.5	$CuO + 2Li \rightarrow Cu + Li_2O$
	FeS_2	1.5	$FeS_2 + 3Li \rightarrow Li_2FeS_2 + Li$ $FeS_2 + 4Li \rightarrow Fe + 2Li_2S$
	Bi_2O_3	1.5	$Bi_2O_3 + 6Li \rightarrow 2Bi + 3Li_2O$

가. 이산화망간 리튬 일차전지

Li/MnO_2 전지는 안전하고, 저가이며, 수명이 길고, 에너지밀도가 높은 소비자용 전지로 개발되었으며, 현재 코인(coin)형에서 원통형에 이르는 다양한 형태로 생산되어 소비자용 리튬전지 시장의 반 이상을 차지하고 있다. 이산화망간은 오랫동안 알칼리 망간 전지의 양극활물질로 사용되어 리튬전지 개발 초기부터 주목을 받아왔으나 전지 제조 후 전지 용량의 감소와 가스 발생의 문제가 있어서 1970년대 후반 일본에서 연구 결과 발표 이전까지는 리튬전지가 사용되지 못했다. 일본의 연구진은 전해이산화망간(electrolytic manganese doxide; EMD)을 열처리하면 리튬전지에 사용할 수 있으며, Li/MnO₂ 전지의 방전 반응을 MnO₂ 결정격자 내에 Li⁺ 이온의 확산 과정으로 설명하였다.

$$xLi^+ + e^- + Mn^{+4}O_2 \rightarrow Li_xMn^{+3}O_2$$

위 식에 의하면 Li/MnO₂ 전지의 방전 성능은 MnO₂의 결정구조에 영향을 받게 될 것으로 추측할 수 있으며, γ.β-MnO₂의 결정구조를 가지는 MnO₂가 리튬전지에 최적이라는 연구 결과가 발표되었다. γ.β-MnO₂는 EMD를 300~400℃ 범위에서 열처리하면 얻어진다고 발표되었으나 온도와 시간에 대한 상세한 조건은 밝혀진 바 없다. Li/MnO₂ 전지의 양극은 열처리한 MnO₂에 도전체와 결합재를 혼합하여 제조하며 MnO₂의 종류, 함량 및 결합재의 함량에 따라 전지의 성능이 영향을 받는다. 전해액으로는 PC(propylene carbonate)/DME(di methyl ethanol) 혼합 용매에 LiClO₄를 용해 시킨 것을 주로 사용한다. 전해액은 전지의 저장 성능과 밀접한 관계가 있는데, 불순물의 농도가 높아지지 않도록 정제에 유의해야 한다. 전지의 품목은 C, AA, 2/3A 사이즈에 해당하는 원통형과 코인 등 수십 종이 있다. Li/MnO₂ 전지의 용도로 전자계산기, 전자시계, 카메라, 컴퓨터 메모리 백업용 등이 있다.

나. 불화탄소 리튬 일차전지

Li/$(CF_x)_n$ 전지는 에너지 밀도가 높은 소비자용 전지로 1970년대 일본에서 개발되었으며 Li/MnO_2 전지와 함께 소비자용 리튬전지 시장을 대략 양분하고 있다. 양극활물질인 불화탄소는 탄소를 불소 가스와 반응시켜 제조하며, x값이 1.0 근처의 불화탄소가 전지에 주로 사용되고 있다. 불화탄소는 유기 전해액에 용해되지 않으며 화학당량이 작고 방전 반응 후에 전도성이 좋은 탄소가 생성되기 때문에, 에너지 밀도가 크고, 방전 특성이 우수한 전지를 제조할 수 있다. Li/$(CF_x)_n$ 전지의 방전 반응은 다음 식으로 나타낼 수 있다.

양극 반응: $xLi \rightarrow xLi^+ + xe^-$
음극 반응: $CF_x + xe^- \rightarrow C + xF^-$
전체 반응: $xLi + CF_x \rightarrow xLiF + C$

실제 일어나는 화학반응을 살펴보면, 용매화된 Li^+ 이온이 CF_x의 층상 구조 내에 침투하여 $CLiF_{x,y}S$라는 3원계 화합물(ternary complex)을 형성하는 경로를 통해 전극 반응이 진행되며, 이어서 화학반응을 통해 탄소와 LiF로 분해된다. 이 전기화학 반응에서 특이한 점은 유기용매가 직접 반응에 참여하고 있다는 것으로, 다른 전지 시스템과 비교하여 전해액의 선택이 방전 성능에 많은 영향을 줄 것으로 예측된다. Li/$(CF_x)_n$ 전지의 양극은 불화탄소와 도전제, 결합재를 혼합하여 제조되며 불화탄소의 구조와 불화 (fluorination) 정도에 따라 방전 성능이 달라진다. 전해액으로는 $LiBF_4$를 butyrolacetone이나 PC(propylene carbonate)/DME(di methyl ethanol) 혼합 용매에 녹인 것을 사용하고 있다.

다. 이산화황 리튬 일차전지

이 전지는 액체 양극형 전지이다. 미국에서 개발되어 고율 방전이 가능하고 고온 보존성이 양호하다. 이 전지 계는 액상 이산화황이 양극활물질과 전해액을 겸하기 때문에 양극은 단순히 활물질의 전기화학 반응을 일으키는 active site를 제공하는 촉매작용을 한다고 볼 수 있다. 따라서 액상의 양극활물질이 음극인 리튬 전극과 직접 접촉되어 있으며, 방전 시 전기화학적 환원 반응은 양극으로 사용되는 탄소 전극의 기공(pore) 내에서 이루어진다. 양극 반응은 $2SO_2 + 2e^- \rightarrow S_2O_4^-$로, 리튬 음극과의 방전 반응 생성물은 $Li_2S_2O_4$로 생각된다. 이 $Li_2S_2O_4$가 양극에서 생성되기 때문에, 양극의 표면적에 의해서 방전용량이 좌우된다. 현재 개발된 전지는 나선형(spiral) 구조의 원통형이 주종이다. 카본 블랙(carbon black)과 결착제로 만든 양극과 리튬 음극, polypropylene 부직포로 만든 분리막(separator)을 spiral로 감은 다음 전지 용기에 넣는다. SO_2 가스는 용질로 $LiClO_4$를 사용하여 압입시키거나, LiBr을 용질로

PC(propylene carbonate)나 ACN(acetonitrile) 등의 혼합 용매에 용해시켜 전지 내에 주입한다.

라. 염화티오닐 리튬 일차전지

염화티오닐 리튬 일차전지($Li/SOCl_2$)는 Li/oxyhalide 계통 전지의 하나로서 무공해 전지이고 3.6~3.9V 정도로 매우 넓은 전위 영역을 가지며, 특히 작동시킬 수 있는 온도 범위가 넓고(-40~300℃), 저장 수명(약 10년)이 긴 장점을 갖고 있다. Li/oxyhalide 전지는 전해질 용액 속에서 상당히 복잡한 반응을 일으키고 있어서 반응 기구를 설명하기는 쉽지 않다. $SOCl_2$의 환원 반응이 다음과 같이 진행됨이 밝혀졌다.

$$2SOCl_2 + 4e^- \rightarrow SO_2 + S + 4Cl^-$$

또한 환원 과정 중에 S_2O와 SO 등의 여러 가지 중간체 물질이 발생한다고 알려져 있다. Oxyhalide가 환원될 때 생성되는 Cl^- 이온이 용액 중의 Li^+와 반응하여 LiCl이 생성되며, 이로 인하여 리튬 양극 또는 음극 표면에 강한 부동화가 일어난다. 실제로 $LiAlCl_4$ 용액을 사용하는 $Li/SOCl_2$ 및 Li/SO_2Cl_2 전지에서 직면하게 되는 분극 현상은 LiCl과 같은 물질들의 부동화와 이로 인한 탄소 음극의 비활성을 들 수 있다. 반면에 리튬 양극에 형성된 부동화 막은 고체 전해질 경계면(solid electrolyte interface; SEI)을 형성하게 되고, 이것은 $SOCl_2$의 자발적 반응을 저지함으로써 저장 수명을 증가시킨다. 그러나 이러한 분극 현상은 전압 지연의 원인이 되고 있고 높은 온도에서 리튬전지를 보존하고자 할 때 더욱 심각하다. 따라서 Li/$SOCl_2$ 전지에서 부동화 현상을 조절하거나 제거하기 위하여 전해질을 바꾸거나 부동화 막을 다시 녹일 수 있는 물질을 찾아내는 연구가 진행되었다. 비수(非水)용매를 사용함으로써 이러한 문제점을 해결했으며, 또한 리튬을 함유하지 않는 전해질을 사용함으로써 LiCl의 생성을 억제하였다.

Li/oxyhalide 전지에서 가장 흔히 쓰이는 전해질은 $LiAlCl_4$이다. $LiAlCl_4$는 $SOCl_2$, SO_2Cl_2와 같은 oxyhalide 용매에 잘 녹는다. 이들 전해액은 매우 높은 이온 전도도를 갖는다. 리튬전지에 사용하는 $SOCl_2$ 용매에 존재하는 불순물에 의해 전극반응이 달라지며 전지의 활동도가 떨어진다. $SOCl_2$의 전기화학적 환원은 음극 표면에서 일어나며, 음극 물질에 강하게 영향을 받는다. 음극의 방전 반응에 대한 전지의 반응속도는 $SOCl_2$의 환원 반응 결과로, 음극에서 막의 생성 때문에 다소 느려진다. 또한 사용하는 전해질 염의 순도 및 전해질 용액의 농도에 따라 리튬전지의 거동이 다르다.

Li/$SOCl_2$ 전지는 $SOCl_2$의 용융점이 낮아 매우 낮은 온도에서도 높은 전지 효율을 나타내고 있다. 특히 −20℃에서 전지 효율은 상온에서의 그것에 약 68%를 나타내며, 이는 Ni-Cd 전지보다 높은 전지 효율이며, 반면에 20℃ 이상에서는 비슷한 효율을 나타내며 40℃ 이상에서는 오히려 감소하는 경향을 보인다. 촉매가 첨가된 경우, $SOCl_2$의 환원 전류는 촉매가 첨가하지 않는 때보다 증가하며, 환원 전위는 양(+) 전위 방향으로 이동되어 나타난다.

11
리튬이온 이차전지

2019년도 노벨 화학상은 리튬이온전지의 원천기술을 개발한 세 명의 원로 과학자들에게 돌아갔다. 미국 텍사스대학교 오스틴 캠퍼스(University of Texas at Austin)의 구디너프(John B. Goodenough, 1922~2023) 교수, 뉴욕주립대 빙엄튼 캠퍼스(State University of New York at Binghamton)의 휘팅엄(M. Stanley Whittingham, 1941~) 교수, 그리고 일본의 메이조대학 교수 겸 아사히카세이(旭化成) 회사의 명예연구원 요시노 아키라(吉野彰, 1948~) 박사가 그 주인공들이다.

먼저 미국의 재료과학자인 구디너프 교수는 예일대학교(Yale

University)를 졸업하고 시카고대학교(University of Chicago)에서 물리학 박사를 취득하고 MIT Lincoln Laboratory 연구원으로 24년 동안 있으면서 주로 산화물 자성재료를 연구하였다. 1970년대 말에 영국의 옥스퍼드 대학교(University of Oxford) 연구실장으로 옮겨서 리튬이온 이차전지를 연구하여 1980년에 $LiCoO_2$ 재료가 가볍고 에너지밀도가 높은 양극 재료임을 발표하고 리튬이온 이차전지의 용량을 배가시켰다. 옥스퍼드 대학교와 특허 문제로 분쟁을 겪고 종국에는 그 특허를 일본의 Sony 회사에 허여하여 현재와 같은 리튬이온 이차전지의 개발에 성공하였다. 1986년부터 미국의 텍사스대학교 오스틴 캠퍼스의 교수가 되었다. 그 외에 $LiFePO_4$ 등과 Polyanion을 포함하는 양극 재료 등을 개발하였다. 그가 노벨상 수상자 된 나이가 98세로 역대 수상자 중 최고령이고 현재까지 100세를 넘겨 산 유일한 노벨상 수상자이다.

영국 태생인 휘팅엄 교수는 옥스퍼드 대학에서 화학으로 학사(1964), 석사(1967), 박사(1968) 학위를 받고 미국 스탠포드 대학교(Stanford University)에서 포스닥 연수를 받았다. 엑산(Exxon) 회사에서 16년간, 슐럼버제(Schlumberger) 회사에서 4년간 연구원으로 근무하고 1986년 뉴욕주의 시골에 있는 뉴욕주립대 빙엄튼 캠퍼스의 교수가 되었다. 그는 엑산 회사 연구원일 때 층간화합물 전극(intercalation electrode)에 착안하여 티타늄이황화물(TiS_2) 양극을 개발하여 Li 이온이 TiS_2 양극 재료 안으로 들어갔다가 가역적으로 빠져나올 수 있음을 보였다. 엑산 회사는 이를 활용하여 리튬이온 이차전지를 개발하였으나 안전성의 문제로 상업화를 접었다. 새로운 배터리는 층간화합물 배터리라고도 불렸고, 그는 샌드위치 안에 잼을 넣는 것에 비유하였다. 리튬이온이 들어갔다 나왔다 하는 동안에 양극 재료의 결정구조는 그대로 보존되어 있어서 충전과 방전을 여러 번 해도 크게 문제가 없어 훌륭한 이차전지가 된다.

요시노 아키라 교수는 교토대학에서 학사(1970)와 석사 학위(1972)를 받고 오사카 대학에서 박사 학위(2005)를 취득하였다. 1972년 아사히카세이 회사에 입사하여 연구소와 이차전지사업부에서 이차전지 개발에 참여하여 연구실 실장, 펠로우(Fellow) 등을 거쳐 고문이 되었고, 2017년부터 메이조대학 교수이다. 요시노 교수는 폴리아세틸렌(Polyacetylene)을 음극 재료로 사용한 리튬이온 이차전지를 개발하였다. 폴리아세틸렌은 일본이 자랑하는 2000년도 노벨 화학상 수상자인 시라카와 히데키(白川英樹, 1936~) 박사가 발명한 전도성 고분자의 하나이다. 리튬 이온이 음극에 존재하는 당시까지의 상례를 깨고 $LiCoO_2$를 양극으로 채용하여 Li 이온이 없는 폴리아세틸렌을 음극으로 하여 리튬이온 이차전지 시제품을 제작하였다. 처음에 양극에 있던 Li 이온이 첫 충전 시에 음극으로 이동하고 이후 방전과 충전을 하는 과정에 Li 이온이 양극과 음극을 왔다 갔다 하면서 이차전지 구실을 할 수 있음을 보였다. 이 아이디어를 Sony에서 이용하여 $LiCoO_2$를 양극으로, 흑연(graphite)을 음극으로 채용하여 리튬이온 이차전지를 제조하고 상품화에 성공하였다.

한편 프랑스 화학자들은 일찍이 연성화학(chimie douce, soft chemistry)에 관해서 많은 연구를 해왔는데, 연성화학이란 결정구조 내에서 비교적 이동성이 높은 부분만이 반응을 일으키고, 그 구조의 나머지 부분은 비교적 큰 변화 없이 남아있는 화학적 변화를 묘사하는 데 사용된다. 한편 미국 MIT의 드레슬하우스(Mildred S. Dresselhaus, 1930~2017) 교수 연구그룹에서는 탄소의 집합체인 흑연(graphite)의 층 사이에 금속 원자를 집어넣을 수 있음을 실험적으로 보이고 이론적으로 설명하는 연구를 시행하였다. 이런 연구 분야를 학자들은 층간삽입 화학(intercalation chemistry)이라고 불렀다. 인터칼레이션이란 층상구조로 원자가 배열되어있는 재료의 층간에 분자나 원자나 이온 등 화학종이 삽입되는 현상이다. 반대로 화학종이 층간에 있다가 빠져나오는 현상을 deintercalation이라고 한다. 우리말 용어로 각각 삽입(insertion)과 이탈 혹은 탈리(separation, extraction)라는 표현도 쓴다. 층상구조의 결정을 호스트(host) 종, 층간에 삽입된 이온 원자 등 화학종을 게스트(guest) 종이라고 부르기도 한다. 인터칼레이션의 생성물을 층간화합물이라고 하며, 흑연과 알칼리금속, 점토와 유기물, 무기물과의 화합물 등이 있다. 좋은 이차전지를 이루려면 화학종의 층간 삽입과 이탈이 쉽게 일어나는 재료로 양극과 음극을 각각 구성해야 한다. 이러한 연구 결과로 금속이 아닌 무기화합물이 전극 재료로 주목을 받게 되었다.

요즈음은 일반인들에게도 골프가 상당히 인기 있는 운동이고 프로골프 선수들이 큰 상금을 놓고 대결하는 대회가 세계적인 관심을 끌고 있다. 이런 대회가 열리는 골프장에는 일반인들이 구경꾼으로 입장하는데 이들 구경꾼을 보통 갤러리(gallery)라고 부른다. 유명한 골프선수들을 따라서 상당한 구경꾼들이 운집하여 골프장 레인을 몰려다닌다. 한편 갤러리는 미술이나 조각품을 전시하는 화랑을 의미한다. 이는 서양 건축물의 구조를 알면 쉽게 이해가 된다. 돌로 된 큰 집을 지으면 큰 기둥 사이로 건물 바깥쪽에 공간이 많이 생기는데 그 공간을 흔히들 갤러리라고 부른다. 이런 구조의 건축물에 미술품들을 전시한 데서 갤러리란 말이 유래했다고 생각된다. 그 미술품을 감상하러 관객들이 떼를 지어 움직이는데 이 군중을 갤러리라고도 부른다. 층간 구조의 화합물의 층간에 삽입되는 화학종이 골프장의 구경꾼이나 화랑의 관람객과 유사하다고 보면 된다.

한편 이차전지에서 리튬 이온이 충전과 방전 과정에서 양극과 음극 사이를 왔다 갔다 하는 동안에 전극 재료의 층간 구조가 보존되어 있어야 한다. 충·방전 동안에 그 구조가 붕괴(崩壞)되면 리튬 이온이 제자리를 찾아 들어갈 수 없으므로 전지의 수명이 짧아지게 된다. 이는 논에 참게가 많던 옛 시절에 논둑에 게 집이 무너지지 않고 보존되어 있어야 참게들이 밖에서 놀다가 각자 자기 집에 들어갈 수 있음에 비유할 수 있다. 옛날에 그 많던 참게가 지금은 다 어디로 갔을까? 요즈음은 농약 등의 영향으로 벌에 있는 논에 참게가 보이지를 않는다.

서로 다른 재료가 접촉하면 전위차가 발생하고 이로 인해 전자이동 현상이 수반된다. 이를 이용하는 것이 전지의 기본원리이다. 리튬이온전지는 전기화학적으로 리튬을 삽입할 수 있는 양극 및 음극 재료와 리튬이온을 이송할 수 있는 매질로써 비양성자성(aprotic)이며 극성인 유기용매를 전해질로 사용한다. 양극으로 리튬을 포함하고 있는 화합물을 사용하고, 리튬은 충전 시에 양극으로부터 이탈(extraction)되고 방전 시에 양극으로 삽입(insertion)된다. 양극 및 음극 재료는 전위차가 클수록 고전압을 나타내며 전지 전압은 양극 재료와 음극 재료에 삽입된 리튬의 전기화학적 전위의 차이로 표현할 수 있다. 리튬이온전지에서 높은 전위를 구현하기 위해서는 전위 차이가 큰 양극 및 음극 재료의 선정이 필요하며, 상용 리튬이온전지는 리튬에 대해 4V급인 니켈, 코발트 또는 망간의 산화물을 양극 재료로 사용하고 리튬에 대해 0~1V급인 탄소(흑연)를 음극 재료로 사용하여 평균 전위차가 3.6V가 되는 높은 전지 전압을 얻고 있다. 충전 시에는 리튬 이온이 양극에서 탈리하여 음극인 흑연의 층간으로 이동하고 방전 시에는 리튬 이온이 흑연의 층간에서 빠져나와 양극 재료의 층 사이로 되돌아온다. 충·방전 동안에 전극이나 전해액은 화학반응을 일으키지 않고 리튬 이온이 두 전극 사이를 왔다 갔다 하는 것이다.

중언부언하여 설명하면 리튬이온 이차전지는 전기화학적으로 리튬을 삽입할 수 있는 양극 및 음극 재료와 리튬 이온을 이송할 수 있는 매질로써 유기용매를 전해질로 사용한다. 양극에 리튬을 포함하고 있는 화합물을 사용하고 이 양극의 리튬 이온은 충전될 때 분리막을 통하여 양극에서 음극으로 이동한다. 이와 동시에 리튬 원자에서 분리된 전자가 외부회로를 통해 이동하는데, 전기에 관한 약속에 따르면 충전전류가 음극에서 양극으로 흐른다고 생각한다, 이때 충전은 발전소에서 흘러오는 전류로 이루어진다. 반대로 방전될 때, 즉 리튬이온 이차전지를 기기의 전원으로 사용할 때는 리튬 이온이 음극에서 전해질을 통해 양극으로 이동하고, 이동된 리튬 이온은 양극의 결정구조에 층간 삽입된다. 이와 동시에 전자는 외부회로를 통해 음극에서 양극으로 이동하는데, 전기에 관한 정의에 따르면 전류는 양극에서 음극으로 흐른다. 기기는 이 전류를 동력원으로 사용한다.

이때 리튬 이온은 양극 내부에서는 전이금속 산화물의 팔면체나 사면체에 위치하게 되고 전극 외부에서는 전해질 내에서 이동하게 된다. 리튬 이온은 음극에서는 육각형으로 배열된 탄소 그물 사이의 층간에 존재한다. 이 내용을 토대로 양극 재료로 전이금속산화물($LiMO_2$)을, 음극 재료로 흑연(graphite)을 사용하였을 경우의 전지 반응을 살펴보면 다음과 같이 나타낼 수 있다. 이 반응에서 전이금속산화물에서 Li 이온을 50%만 빼내는 것으로 가정하였다.

양극 반응 : $2LiMO_2 \underset{방전}{\overset{충전}{\rightleftharpoons}} 2Li_{0.5}MO_2 + Li + e^-$

음극 반응 : $6C + Li + e^- \underset{방전}{\overset{충전}{\rightleftharpoons}} LiC_6$

전체 반응 : $LiMO_6 + 6C \underset{방전}{\overset{충전}{\rightleftharpoons}} 2Li_{0.5}MO_2 + LiC_6$

아래 그림은 충·방전 시에 리튬이온 이차전지의 내부인 전해질을 통한 이온의 이동과 외부회로를 통한 전자의 이동을 모식도로 나타낸 것이다.

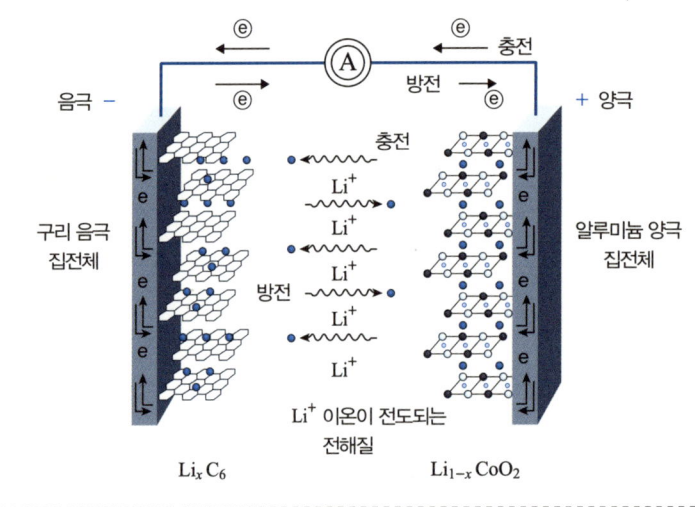

| 리튬이온 이차전지의 작동 원리 모식도 |

12
리튬이온전지 외형의 종류

리튬이온 이차전지는 전지의 형태, 크기, 용량, 원재료, 특성, 전해질 등에 따라 다양한 범주로써 구분할 수 있다. 전지의 외부 형태에 따라 원통형 전지(cylindrical cell), 각형 전지(prismatic cell), 파우치형 전지(pouch-type cell)로 구분한다.

가. 원통형 전지

원통형 전지는 원통 모양으로 구성된 전지를 의미한다. 일차전지로 사용되고 있는 알칼리 전지로서 시중에서 AA, AAA 등으로 판매되고 있는 속칭 건전지 같은 형태의 전지를 말한다. 원통형 전지는 금속 재질의 케이스로 구성되며 내부에는 젤리 롤(jelly roll)이 끼워져 있다. 젤리 롤은 양극 전극(cathode), 분리막(separator), 음극 전극(anode)을 순차적으로 쌓고 말아놓은 형태를 말한다. 두 전극과 분리막을 감아서 젤리 롤을 만드는 과정을 권취(捲取, winding)라고 하고, 이와 같은 형태로 만들어지는 것을 일명 권취형(捲取型) 전지라고도 한다. 젤리 롤을 금속 케이스에 안치시키고 필요한 용접을 실시한 후 액체 전해액을 주입시키고, 마지막으로 용접을 실시하여 완전히 밀봉한다.

음극에 붙어 있는 금속판은 리드(lead)선으로 연결되고 원통형 전지의 몸체를 이루는 캔(can)에 용접되어 있다. 양극에도 역시 금속판을 리드선으로 연결한 후, 원통형의 뚜껑(cap)에 용접되어 있다. 캔과 뚜껑은 절연성의 개스킷으로 분리되어 있다. 따라서 전지의 전극은 원통형의 윗부분이 양극(+)을 띠며 몸체 및 바닥은 음극(-) 전위를 가지게 된다. 캡 부분에는 PTC(positive temperature coefficient), 벤트(vent), CID(current interrupt device) 등의 안전장치가 설치되어 내압이 차는 것을 억제하며 비정상적인 상황에 노출되는 경우 전류가 차단되는 구조를 취하여 안전성을 높이고 있다. 원통형 전지는 각형 전지나 파우치형 전지에 비교하여 내부의 열 배출이 상대적으로 어려워서 고전류 사용 및 장시간 연속 사용 시에 전지 내부의 발열이 문제가 될 수 있으며, 캔 및 캡에 전극을 용접할 때 충분한 접촉 면적을 만들기 어렵고 전극에 탭을 부착하기가 어려워서 고출력 전지의 설계 시에는 이러한 문제점을 해결하기 위한 기술을 확보하여야 한다.

원통형 리튬이온 이차전지로 가장 많은 18650 전지는 지름이 18mm, 높이가 65mm의 원통 모양을 갖고 있으며, 노트북 컴퓨터 등에 주로 사용되고 있다. 미국의 테슬라 자동차는 일본에서 제조한 원통형 전지를 장착하고 있다고 알려져 있다. 원통형 전지는 전극 반응이 비교적 균일하게 일어나며, 제조 속도가 빨라 상대적으로 제조단가가 낮다고 알려져 있다. 원통형 전지는 대량생산 체제에 적합하여 대기업 위주로 생산되고 있다. 최근에는 중대형 전지로의 활용을 위하여 고출력, 대용량 원통형 전지를 요구함에 따라 18650 형보다 더 큰 원통형 전지가 개발되고 있다.

보통 18650 원통형 전지의 용량을 기준으로 전지의 에너지 밀도를 비교한다. 리튬이온 이차전지가 시장에 나온 초기에는 18650 전지의 용량이 1,000mAh 수준이었으나 재료 및 공정 개선을 통해 현재 전지 용량이 약 2,600~2,800mAh의 용량을 갖는 원통형 전지를 양산하고 있으며, 3,600mAh까지도 가능하다고 전망된다. 18650 크기의 한정된 공간에 최대의 용량을 구현하는 것이 각 업체 간의 기술경쟁을 부추김에 따라 업체들이 앞다투어 고용량의 전지를 내어놓았으나, 최근에는 가격 문제를 중시함에 따라 오히려 제조단가를 낮추면서 일정 수준 이상의 에너지 밀도를 보이는 2,200mAh 급의 전지가 많이 생산되고 있다.

나. 각형 전지

각형 전지란 외곽 형상이 직육면체인 전지를 의미한다. 뒤에 나오는 파우치형 전지도 비슷한 형상이어서, 각형 전지에 포함시키기도 하지만, 일반적으로는 각형 전지는 금속재의 케이스를 사용한 직육면체 형태의 전지를 의미하며, 휴대전화용 전원으로 널리 사용되고 있다. 현재는 고분자 전해질을 사용한 리튬이온 폴리머 전지로 시장을 잠식당하며 성장세가 다소 둔화되고 있으나 각형 고유의 장점이 있어서 계속 시장을 유지할 것으로 전망되고 있으며, 특히 중대형 전지 제조 시에 장점이 있어서 새로운 성장의 가능성을 지니고 있다.

각형 전지는 직육면체 형태의 금속 케이스 내부에 전극과 분리막의 젤리 롤을 장착하여 제조한다. 전극과 분리막은 권취할 수도 있으며, 적층한 형태도 가능하다. 하지만 일반적으로는 권취형의 젤리 롤이 사용된다. 각형 전지에서 사용되는 젤리 롤은 원통형 전지와는 다르게 원형이 아닌 긴 직사각형 형태를 취하게 된다. 원통형을 권취할 때는 짧은 막대를 중심으로 회전하여 권취한다면, 각형의 경우 판의 형태를 중심으로 권취하여 얇고 넓은 형태의 직육면체 형상으로 권취가 이루어진다. 이 방식은 조립 시에 원통형만큼 빠르지 않지만, 적층형에 비하면 빠른 생산 속도를 유지할 수 있다는 장점을 갖고 있다. 각형도 원통형과 마찬가지로 젤리 롤을 케이스에 삽입한 후에 용접하여 제조한다. 그 뒤에 전해액을 주입한다.

각형 전지의 단점으로는 사각형의 형태로 전극과 분리막이 권취되므로, 직선 부분과 곡선 부분에서 전극의 저항 및 양극 대비 음극 면적의 차이가 발생하기 때문에 전극이 고르게 반응하지 못하게 되어 장기간 사용 시에 젤리 롤이 뒤틀어지는 경우가 발생할 수 있다. 또한 내부에 가스가 차서 내압이 발생하게 되면 넓은 면적 부위에 힘이 더 가해져 두께 방향으로 부피 증가가 쉽게 발생하는 문제점을 지니고 있다.

다. 파우치형 전지

파우치형 전지란 전지의 외형에 금속으로 된 케이스를 사용하지 않고 얇은 파우치를 외장재로 사용한 전지를 의미하며, 일반적으로는 리튬 폴리머 전지를 지칭하게 된다. 파우치는 얇은 금속박에 고분자가 코팅된 것이며, 고분자만으로는 수분의 차단에 한계가 있어서 금속의 치밀한 구조를 이용하여 전지 내부로 수분의 침투를 억제하기 위하여 사용된다. 금속박은 여러 종류가 가능하지만, 일반적으로 알루미늄을 사용하고 있는데, 알루미늄이 전기화학적으로 비교적 안정하고 가벼우며 가공이 쉽기 때문이다.

파우치는 알루미늄 포일에 내부에는 캐스팅된 PP(cast polypropylene) 층을 코팅하여, 화학적으로 안정하고, 열융착이 가능하도록 설정하고 외부에는 나일론 또는 PET(polyethylene terephthalate)를 라미네이션(lamination) 하여 기계적 강도 및 외부 충격에 대한 저항성을 부여하게 된다. 파우치를 사용하여 제조된 전지의 경우에는 금속의 케이스를 사용하지 않기 때문에 만일의 사태에 발화, 폭발이 발생하더라도 외관이 터져나가지 않고 찢어지는 형태로 폭발하므로 주변의 피해를 최소화할 뿐만 아니라 내압이 일정 이상 차면 파우치가 부풀고 융착 부위가 벌어지기 때문에 대형 폭발까지 진행되는 안전사고를 완화할 수 있는 장점을 갖고 있다. 그러나 일반적인 사용 시에 파우치의 융착 부위로 수분이 침투할 가능성이 금속 케이스를 사용하는 원통형 전지 및 각형 전지보다 높아서 전지 수명에 대한 우려가 존재한다.

파우치 내부에 권취하여 제조된 젤리 롤을 사용하는 권취형이 있고, 일정한 크기로 절단된 전극을 적층하여 만들어진 전지 젤리 롤을 삽입하는 적층형(stack)이 있다. 적층하여 제조하는 것이 전극 반응을 균일하게 일으킬 수 있어 안정한 전지를 제조할 수 있으나, 권취형에 비하여 제조가 어렵다는 단점을 지니고 있다. 파우치형 전지의 제조공정은 회사별로 특허로 되어 있다. 현재 전기자동차용 전지의 제조 방법으로 각광 받고 있다.

CHAPTER

3

리튬이온 이차전지 소재

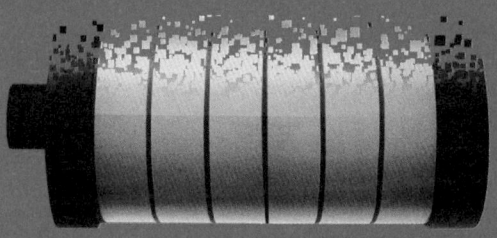

Electronic Materials

ELECTRONIC MATERIALS

13

리튬이온 이차전지의 구성

리튬이온전지(LIB; lithium ion battery)는 리튬 이온의 삽입과 탈리반응을 통해 내부에 있는 화학물질들의 고유한 물성에 따른 전위차에 의해 전기화학적 반응으로 화학에너지를 전기적 에너지로 변환하고, 그 반대의 변환도 일어나는 장치이다. 리튬이온 이차전지는 많은 수의 부품으로 구성되지만 크게 양극(cathode), 음극(anode), 전해질(electrolyte), 분리막(separator)으로 나눌 수 있는데, 이를 전지의 4대 요소라고 한다. 아래 그림에 리튬이온 이차전지의 구성을 표시하였다.

| 리튬이온 이차전지의 구성 |

하나의 전지가 제대로 성능을 발현하기 위해서는 구성 요소 각각이 충분한 역할을 발휘하여야 한다. 리튬이온 이차전지는 탄소 재료인 흑연을 음극활물질로 사용하고, 양극활물질로는 리튬을 함유하는 전이금속산화물을 사용하는 것이 일반적이다. 양극과 음극은 분리막에 의해 분리되어 있고, 두 전극 사이에 이온을 이동시키는 전해질이 존재한다. 이러한 기본적인 재료 이외에 전지의 구성에는 여러 가지 추가적인 재료와 그것들이 혼합된 부품이 필요하다. 여기서 양극활물질과 음극활물질, 전해질을 흔히들 전지의 능동요소

(active component)라고 부르며, 나머지 소재 부품들은 수동적인 요소(passive component)라고 볼 수 있다.

가. 양극

리튬이온 이차전지에 사용되는 양극 재료는 충·방전 시에 가역성과 높은 에너지 밀도를 가지는 동시에, 리튬 이온의 삽입과 탈리 과정에서 결정의 구조가 파괴되지 않아야 한다. 위와 같은 특성을 요구하기 때문에 층상 혹은 터널 형태의 공간을 내부에 갖는 물질이 사용된다. 또한 전기전도도가 되도록 높아야 하며, 전해질로 사용되는 유기용매에 대한 화학적 안정성이 좋아야 한다. 그리고 제조 비용이 낮고, 환경오염 문제가 최소가 되는 물질이어야 한다.

리튬 이차전지용 양극활물질로는 V_6O_{13}, TiS_2, LiV_3O 등과 같이 2V 부근의 작동 전압을 갖는 저전압용과 $LiNiO_2$, $LiCoO_2$, $LiMn_2O_4$, $LiFePO_4$ 등과 같이 4V 정도의 작동 전압을 갖는 고전압용이 있다. 이러한 양극 재료는 층상구조 또는 3차원 골격 구조를 가진다. $LiCoO_2$의 이론적인 단위 무게(g) 당 용량 즉 비용량(specific capacity) 값은 다음과 같이 구할 수 있다. 참고로 리튬 이온 1몰(mol)의 전하는 +1F이다.

1F(Faraday) = (6.022 × 10^{23}/mol) × (1.6 × 10^{-19}C) = 96,487C/mol

1C(Coulomb) = 1A.s

1F = (96,487 × 1,000mA.s) / (3,600s/h) / 1mol = 26,800mAh/mol

$LiCoO_2$ 분자량 : 6.94 + 58.93 + 2×16 = 97.9

즉 $LiCoO_2$ 1몰의 무게 : 97.9g/mol

$LiCoO_2$의 이론 비용량 : (26,800mAh/mol) / (97.9g/mol) = 274mAh/g

참고로 $LiCoO_2$의 실제 사용 용량은 이론 비용량의 대략 절반 정도인 140mAh/g이다.

나. 음극

그동안 각광 받아왔던 리튬 금속을 대체하여 탄소 재료를 음극으로 사용할 경우, 리튬 금속의 음극에 비해 에너지 밀도 및 출력밀도는 떨어지지만, 수지상 성장이 없어 전지 수명과 안전성의 향상을 도모하고, 탄소 전극의 전위는 리튬 금속과 유사하므로 고전압 특성을 살릴 수 있다. 대표적인 탄소 음극 재료로서 흑연(graphite)을 들 수 있으며, 층상구조를 갖는 흑연의 층간에 리튬 이온 등을 도핑 (doping)할 수 있다. 이러한 탄소 음극 재료를 음극활물질로 사용 시 작동 중에 체적 변화가 작고, 화학적으로 안정하기 때문에 Si, Sn 등의 금속이나 금속 합금 등이 더 우수한 용량 특성을 보임에도 불구하고 쉽게 대체되지 않고 있다. 보통 흑연은 구조에 따라서 특성이 변하는데, 천연 흑연의 경우는 산지에 따라서, 합성 흑연은 열처리 조건, 전구체의 종류 등의 제조조건에 따라서 전기화학적 특성에 많은 차이를 나타낸다.

리튬이온 이차전지의 충전 시에는 리튬이 흑연의 층 사이로 층간삽입이 이루어지게 된다. LiC_6에서 탄소 원자 6개당 1개의 리튬 원자가 층간삽입 될 수 있다. 탄소 재료의 이론 비용량 값은 다음과 같이 구할 수 있다.

C_6 분자량 : 6 × 12.011 = 72.06

흑연의 이론 비용량 : (26,800mAh/mol) / (72.06g/mol) = 372mAh/g

다. 전해질

리튬이온 이차전지용 전해질은 비수용액계로서 알칼리 전해액계 전지에 비해 이온 진도도가 상당히 낮다. 그 이유는 물(H_2O)과 비교하여 유기용매는 유전율이 낮아서 리튬 염의 해리도가 낮아 활동도가 낮으며, 용매 내 리튬 이온의 전도도는 알칼리 수용액계 전해액의 OH^-와 양성자(H^+)의 분해에 의한 이동도로 결정되는 전도도에 비해 낮다. 즉, 수용액계 전해액은 실질적인 OH^-의 이동 없이 전하가 이동될 수 있으나 비수용액계 전해액에서는 리튬 이온의 실질적인 물질 이동이 요구된다. 리튬이온 이차전지용 전해액의 리튬 염은 양극 및 음극에서 충·방전 시 발생 및 소비되는 리튬 이온을 제공하는 역할을 하며, 소비되는 양만큼 상대 전극에서 생성되므로 전체적인 리튬 이온의 농도는 일정하며, 일정 범위 내에서는 리튬 이온 농도가 높을수록 전도도도 높아진다.

현재 리튬이온 이차전지의 대표적인 전해액 구성 요소는 PC(propylene carbonate), EC(ethylene carbonate) 등의 환상 탄산에스테르 화합물과 DMC(dimethyl carbonate), MEC(methyl ethyl carbonate), DEC(diethyl carbonate) 등의 쇄상 탄산에스테르 화합물과의 혼합물이며, 이에 $LiPF_6$, LiAsF, $LLiClO_4$, $LiBF_4$ 등의 리튬 염을 용해한 것을 사용하고 있다. 이러한 리튬이온 이차전지의 전해액은 낮은 전위의 음극활물질에 의해 환원 분해가 되지 않아야 하며, 전지의 작동 전압에서 안정해야 한다. 작동 온도에서 높은 이온 전도도를 가져야 하고, 응고점이 낮아야 한다. 적절한 리튬 염의 농도가 필요하며, 독성이 없어야 한다.

라. 분리막

분리막은 일명 격리막, 혹은 격막이라고도 한다. 분리막은 전지의 양극과 음극 사이에서 이온의 이동은 허용하면서 양극과 음극 사이의 전도를 방해하여 전기적으로 단락되는 것을 방지한다. 박막이 요구되지 않는 기존의 전지들에서는 부직포가 사용되고 있지만, 수용액계 전지들에 비해 낮은 전기전도도를 갖는 유기용매 전해액을 사용하는 리튬이온 이차전지에서는 20~30㎛ 정도의 두께를 갖는 다공질의 폴리에틸렌, 폴리프로필렌 또는 이들의 이중 또는 삼중 층으로 구성된 복합 필름이 일반적으로 사용된다. 리튬이온 이차전지용 분리막은 충분한 기계적 강도를 가져야 하며, 전해액에 대하여 화학적 및 전기화학적으로 안정함과 동시에, 젖음성과 고유 특성이 좋아야 한다. 그리고 전해액을 보유한 상태에서 이온 투과성이 좋고 전기저항이 적어야 하고, 두께가 가능한 한 얇고, 전기적으로 절연성이 우수해야 한다.

다음 절부터는 앞에서 개괄적으로 살펴본 리튬이온 이차전지의 4대 요소 즉, 양극, 음극, 전해질, 분리막 각각에 대해서 재료의 관점에서 자세히 살펴보기로 한다.

14

양극활물질

전지는 기본적으로 양극과 음극의 전위차에서 비롯된 전기화학 반응에 의해 전기적 에너지를 생성시키므로 두 전극 간 전위차가 클수록 고에너지(혹은 고용량) 밀도를 나타내게 된다. 현재 사용되고 있는 대부분의 양극활물질은 전해질의 전기화학적 안정성을 고려하여 4V 내외의 전압에서 반응하는 물질을 사용하고 있다. 리튬이온 이차전지에서 양극에 사용되는 물질은 대부분 리튬과 전이원소의 화합물이며 금속산화물의 결정구조 사이로 리튬이 탈리 및 삽입되면서 충·방전 반응이 일어나게 된다. 이때 많은 양의 리튬이 반응에 참여해야 하는데, 하나의 전이금속 원자 당 하나 이상의 리튬이 반응할 수 있는 구조를 지닌 활물질 개발이 궁극적인 목표이며,

에너지 밀도를 높이기 위하여 낮은 분자량을 지닌 전이금속 원자와 산소 원자의 화합물을 사용하는 활물질이 요구되고 있다.

그리고 최근 전기자동차 등에 대한 적용이 가시화되고, 전동공구 시장 등이 성장하게 되면서 고출력 특성의 중요성이 부각(浮刻)되고 있다. 따라서 결정구조 내에서 높은 리튬 확산계수를 나타내며 전기 전도성이 우수하여 높은 출력 특성 및 빠른 충전 속도를 구현할 수 있는 활물질이 요구되고 있다. 리튬의 탈리 및 삽입 반응 동안 안정적인 결정구조를 유지할 수 있어야 하며, 충·방전 횟수가 증가하더라고 구조의 변화가 거의 발생하지 않는 활물질이 요구된다. 그리고 사용 중에 금속 이온이 전해액으로 녹아 나가는 양이 적어야 하며, 또한 전해액과의 반응성이 작아서 전극 표면에 피막의 생성이 어려운 물질이 유리하다. 이러한 특성을 만족시킬 수 있어야 전지의 수명을 증가시킬 수 있다. 그리고 원재료가 지구상에 풍부하게 존재하고 제조공정이 단순하여 저가에 생산이 가능한 것이 유리하다.

양극 재료는 구조적으로 반 데르 발스(van der Waals) 결합을 하는 층 사이로 리튬 이온이 이동할 수 있는 층상화합물 또는 3차원 구조로 이루어진 이온의 이동통로를 가진 재료여야 한다. 1980년대에 들어서 구디너프((John B. Goodenough, 1922~2023) 그룹은 새로운 양극으로서 층상구조를 갖는 $LiCoO_2$가 4V를 넘는 충·방전 전위를 보이는 활물질이 될 수 있다고 제안하였다. 이 제안을 일본의 소니사가 실현하여 리튬이온 이차전지의 새로운 시대를 열었으며 $LiCoO_2$ 재료는 양극활물질의 대명사가 되었다. $LiCoO_2$는 업계에서는 LCO라는 약어로 불린다. 현재까지 이동용 소형 기기에 쓰이는 배터리의 양극활물질로 대부분 LCO가 사용되었으나 최근에는 리튬이온 이차전지가 전기자동차의 동력원으로 쓰이는 등 수요가 늘어나면서 코발트(Co) 원소를 일부 다른 전이원소로 대체한 층상 산화물들이 시장을 대체해 가고 있다.

그동안 리튬이온 이차전지의 양극활물질로 많이 사용되어 온 $LiCoO_2$의 경우 지구상에서 코발트(Co) 원소의 부존자원의 양이 많지 않기 때문에 원재료 가격이 비싼 상황이며, 리튬이온 이차전지에 대한 수요가 증가하면서 가격은 더욱 상승하리라고 예상된다. 이에 따라서 코발트(Co)를 대체할 수 있는 값싼 원소로 이루어진 전이원소를 활용하는 것이 필요하다. 해당하는 전이원소 중에서 철(Fe)이 가장 낮은 가격이며, 망간(Mn), 니켈(Ni), 코발트(Co) 순서로 가격이 높아진다. 코발트(Co) 원소를 일부 니켈(Ni)과 망간(Mn) 원소로 대체한 3성분계 층상화합물이 양극활물질로 많이 채용되었다. 대표적인 조성의 화합물이 $Li(Ni_{1/3}Co_{1/3}Mn_{1/3})O_2$인데, 보통 NCM이라고 부른다. 니켈(Ni) 성분이 양극활물질의 에너지 밀도를 높이는 데 좋다는 연구 결과가 나오면서 NCM에서 니켈의 함량을 80%까지 높인 811 조성의 NCM 물질이 제안되고 있다. 또한 망간(Mn)

대신에 알루미늄(Al) 원소를 사용하고 니켈의 함량을 95%까지 높인 NCA라는 고니켈(high nickel) 조성의 화합물도 출현하였다.

양극활물질은 고안전성, 무독성, 환경 친화성 등의 특성이 요구된다. 이러한 특성을 고려하여 양극활물질은 크게 층상구조 산화물과 스피넬(spinel) 구조를 지닌 산화물 위주로 연구가 진행되었다. 그러나 스피넬 구조의 양극활물질의 대표적인 물질이 $LiMn_2O_4$(통칭 LMO)인데, 이 물질은 이론적인 용량이 148mAh/g 정도로 작아 실제 사용이 되지 않고 있다. 최근에는 기존 양극활물질보다 가격이 싸고 결정구조가 안정한 올리빈(olivine) 구조를 지닌 $LiFePO_4$(통칭 LFP) 재료가 활발히 연구되어 중국 업체들을 중심으로 상용화에 이르렀다. LFP 재료는 구조가 안정하여 화재 등에 강한 것으로 알려져 있으나, 170mAh/g 정도로 낮은 이론 용량과 낮은 전도성의 약점을 갖고 있다.

리튬이온 이차전지의 작동원으로 작용하는 리튬 이온이 최초에 양극활물질에서 공급되기 때문에 리튬이온 이차전지에서의 양극활물질의 고용량화는 리튬이온 이차전지의 고용량/고성능화에 직접 비례하게 된다. 따라서 고용량이고 저가의 양극활물질 개발이 절실히 필요한 실정이다. 다음 표에 대표적인 리튬이온 이차전지용 양극활물질의 특성을 비교하였다.

표. 리튬이온 이차전지용 주요 양극활물질의 특성 비교

명칭	조성, 화학식	구조	이론 용량 (mAh/g) (실제용량)	전압 (V)	장점	단점
층상 Co계	$LiCoO_2$	층상	274 (155)	3.7	·높은 전도성 ·합성 쉬움	·고가 ·유해
층상 Ni계	$LiNiO_2$	층상	275 (180)	3.7	·고용량 ·전해액 안정성	·합성 어려움 ·구조 불안정
층상 Mn계	$LiMnO_2$	층상	275 (150)	3.3	·고용량 ·저가 ·환경 친화적	·합성 어려움 ·구조적 불안정
층상 NiMnCo	$Li(Ni_{1/3}Mn_{1/3}Co_{1/3})O_2$	층상	285 (180)	3.7	·고용량 ·저가 ·구조적 안정성	·합성 어려움
층상 NiMn	$Li(Ni_{1/2}Mn_{1/2})O_2$	층상	285 (180)	3.7	·고용량 ·저가 ·환경 친화적	·합성 어려움 ·낮은 전도성
Mn 스피넬	$LiMn_2O_4$	스피넬	148 (115)	3.8	·저가 ·인체 무해 ·환경 친화적	·낮은 전도성 ·전해액 반응성
5V Mn 스피넬	$LiNi_{0.5}Mn_{1.5}O_4$	스피넬	148 (130)	4.7	·고전압 ·저가 ·환경 친화적 ·인체 무해	·낮은 전도성 ·전해액 반응성
철인산 염계	$LiFePO_4$	올리빈	170 (160)	3.45	·저가 ·환경친화적 ·평탄 방전 곡선	·낮은 전도성

양극, 음극, 전해질, 분리막이 전지의 4대 요소라고 했는데, 네 가지 모두 역할에서 중요하다. 특히 리튬이온 이차전지에서는 양극활물질이 제조원가 면에서나 원리 면에서 중요하다. 위에 열거한 양극활물질들은 자연계에서 존재할 수 있지만, 모두 인공적으로 합성된 화합물들이다. 리튬이 중요한 역할을 하는 이유는 원자번호가 작고 비중이 가장 작은 원소라는 점과 수소 환원 전위가 가장 낮은 원소라는 점 때문이다. 이 원소가 최초에는 음극이 아닌 양극에 존재한다는 점이 작금의 리튬이온 이차전지 개발의 가장 획기적인 발상이다. 리튬 원소가 양극과 음극을 왔다 갔다 해야 하는 이차전지에서 최초에 존재하는 위치가 중요하지는 않겠다. 다만 리튬 원소가 들락날락하는 동안에 음극과 양극에서 결정구조의 붕괴가 잘 일어나지 않는 물질을 찾아야 한다. 즉 리튬이 나갔다가 되돌아오는 동안에 있었던 집의 기둥과 서까래가 무너지지 말아야 한다. 이러한 결정구조는 층상 구조이거나, 스피넬 구조, 혹은 올리빈 구조여야 한다는 사실이 무기화합물의 연구로 밝혀졌다.

이러한 무기화합물은 산화물이고, 리튬이 부재해서 없는 동안에 리튬이 갖고 있던 짐을 맡아줄 금속원소가 필요한데, 그 후보 원소가 전이원소이다. 전이원소는 주기율표에서 4주기 이하에 있는 열 칸에 존재하는 원소들인데 단위 무게가 적어야 전지가 가벼워짐을 고려할 때 제일 윗줄에 있는 4주기 원소들이 제일 바람직할 것이다. 그래서 채택된 원소가 코발트(Co), 니켈(Ni), 망간(Mn) 등의 원소들이다. 원자번호가 25~28번으로 서로 이웃해 있는 이 원소들은 원자량의 차이가 크지 않다. 특히 원자번호 27번인 코발트 원소의 원자량은 58.93으로 원자번호가 하나 뒤인 니켈 원소의 원자량 58.69보다 오히려 약간 크다. 이런 이유로 이들 층상구조의 양극활물질의 이론 용량 값은 서로 비슷하다.

15

층상구조 양극활물질

LiCoO$_2$는 층상구조 양극활물질의 대표적인 물질로서 통칭 LCO라고 불린다. 구이너프(John B. Goodenough, 1922~2023) 연구팀의 관련 특허를 허여받은 일본의 소니(Sony)에서 최초의 리튬이온 이차전지가 상용화된 이래 다른 양극 재료와 비교해 높은 구조적 안정성과 대량생산이 쉽다는 장점으로 현재까지 리튬이차 이차전지의 대표적인 양극활물질로 쓰이고 있다. LiCoO$_2$는 결정의 어느 방향에서 보면 리튬(Li) 원자층과 코발트(Co) 원자층이 교대로 배열된 열린 층상 구조를 보인다. 산소(O) 원자들이 이 두 층을 꽉 잡아주고 있다.

이 열린 결정구조를 통해 리튬 이온이 가역적으로 출입하여 충·방전 중에 $Li_{1-x}CoO_2$의 조성을 지닌다. 그러나 x = 0.5 부근에서 상전이가 발생하기 때문에 충·방전 중에 리튬(Li) 원자를 절반 이하만 활용할 수밖에 없어 $0 \leq x \leq 0.5$의 범위에서만 사용할 수 있다. 충전 정도(depth of charge, DOC)를 증가시킬수록 리튬 이온이 결정구조 내부로부터 빠져나가면서 산소 이온 간의 반발력이 증가하여 결정구조의 팽창이 일어나고 DOC가 0.5 이상이 되면 단사정(monoclinic) 결정구조로 전이된다. $LiCoO_2$의 충전 시 최대한 많은 양의 리튬 이온을 양극에서 이탈시켜 용량을 증가시키기 위해 충전전압을 높여서 고전압까지 충전시키면 초기 용량은 증가하지만, 사이클이 진행되면서 용량 감소가 급격하게 발생한다. 앞 절에서 보인 대로 $LiCoO_2$의 이론적인 용량은 274mAh/g이지만, 실제 사용할 수 있는 용량은 130~140mAh/g이다. 이 가역 용량의 범위 내에서는 LCO는 매우 안정된 결정구조를 유지한다.

이렇게 제한된 영역만을 사용하는 것은 4.2V 이상의 전압에서 나타나는 $LiCoO_2$의 구조적, 화학적 불안정성에 기인한다. 4.2V 이상으로 충전되는 경우, $LiCoO_2$는 구조적으로는 격자의 부피 변화와 상전이를 겪고 격자로부터 산소 이온의 탈리 등도 발생하는데 이러한 요인들이 활물질의 구조적인 안정성을 해쳐 가역적인 충·방전 반응을 어렵게 한다.

화학적으로는 코발트(Co) 원자의 용해와 큰 산화력을 가지는 양극 표면에서의 전해질 분해와 이로 인한 전극 표면에 표면 막의 생성도 큰 문제가 된다. 따라서 충전 전압을 올려 많은 가역 용량을 얻기 위해서는 여러 가지 표면개질 방법이 사용된다. 그중에서 가장 주된 방법은 다른 금속 이온을 치환하거나 반응성이 약하거나 없는 물질로 LCO 분말 입자 표면을 코팅하는 것이다. LCO 표면이 코팅된 양극 재료에 관한 연구를 통해서 표면개질 방법이 4.2V 이상의 높은 충전 전압에서 양극활물질의 가역성을 높인다는 것이 확인되었다.

$LiCoO_2$의 가역 용량을 증가시키기 위해 $LiCoO_2$ 표면에 열적 안정성이 우수한 물질을 코팅한 후 충전 전압을 높이게 되면, 더 많은 리튬을 활용하여 용량을 증가시키면서도 가역성을 유지할 수 있다. $LiCoO_2$ 표면에 $LiMn_2O_4$, SnO_2, Al_2O_3, ZrO_2, SiO_2, CeO_2, $AlPO_4$, ITO (Indium Tin Oxide) 등 다양한 물질의 코팅이 시도되었고 대부분 우수한 성능을 나타내었다. $LiCoO_2$의 사이클 특성 향상은 Al_2O_3, ZrO_2 등의 코팅으로 육방정(hexagonal에서 단사정(monoclinic)으로 상변화가 발생하지 않음에 기인하는 것으로 해석되기도 하였으나, 표면에 존재하는 산화물이 전해액 분해를 억제하고 양극활물질의 전이원소 이온이 전해액으로 용출되는 것을 억제하는 것이 더욱 주요한 요인으로 파악되고 있다.

LiCoO$_2$는 지금까지 발견된 다른 어떤 양극 재료보다 안정적인 특성을 나타내어 처음 리튬이온 이차전지가 개발된 이래로 현재까지 그 자리를 거의 독점적으로 지켜 왔지만, 이차전지 수요의 증가로 인한 가격 문제가 가장 큰 걸림돌로 자리 잡고 있다. 코발트(Co) 금속은 전 세계적으로 약 1,000만 톤 정도가 매장되어 있는 것으로 파악되고 있으며, 다른 전이원소(Ni, Mn, Fe 등)에 비해 그 부존양이 크게 부족한 실정이다. 특히, 리튬이온 이차전지는 휴대용 기기의 소형 전지로 국한되었다가 전기자동차 등을 위한 중대형 전지가 상용화되면서 그 수요가 폭발적으로 증가하여 코발트 가격의 상승이 당연히 동반될 것으로 예상할 수 있다. 특히 중대형 전지는 활물질의 사용량이 훨씬 크기 때문에 코발트 원소의 적용은 가격 경쟁력의 확보에도 큰 문제로 작용할 수밖에 없다. 이에 따라 코발트를 다른 원소로 치환하여 새로운 양극활물질을 만들어내고자 하는 연구가 이루어져 왔으며, LiNiO$_2$ 양극활물질이 검토되었다.

LiNiO$_2$의 경우, LiCoO$_2$와 같은 층상 결정구조를 가지고 있으면서, 작동 영역에서 LiCoO$_2$보다 가역 리튬 원소 수량이 20~30% 정도 많아 약 180mAh/g의 고용량 재료로서 기대되고 낮은 가격을 지니고 있었다. 그러나 Ni^{3+}가 안정하지 못하여 충전 후에 리튬 원자층에 니켈 원자가 들어가 있는 결함(defect) 구조가 발견되었다. 이런 현상을 양이온 혼합(cation mixing)이라고 부른다. 양이온 혼합 현상은 충전 과정에 리튬이 빠져나온 뒤에 다른 층에 있던 니켈 원자가 리튬의 자리를 차지하고 있어 그 뒤의 방전 과정에 리튬이 되돌아올 때 리튬 이온의 재삽입을 방해하여 용량의 감소를 가져오고, 리튬이 되돌아오는 도중에 니켈 이온이 걸리적거려 전지의 출력 특성도 나빠지게 만든다. 리튬 이온의 자리에 존재하는 리튬 원자의 양이 감소할수록 산소의 평형 부분압력(equilibrium oxygen partial pressure)이 증가하기 때문에 구조적으로 매우 불안정하며, 특히 유기용매와 반응할 위험이 있어 전해액 분해 및 가스 발생을 일으킬 수 있다. 또한, $LiCoO_2$에 비교하여 흡습성이 크다는 단점 등으로 인하여 실제 상용전지에 적용하는 데 많은 제약을 받고 있다. 이같이 $LiNiO_2$의 경우, $LiCoO_2$와 같은 층상 구조를 가지며 약 180mAh/g의 고용량 특성을 가지나, 리튬 이온과의 혼합 상태 등으로 구조 내의 결함 및 양이온 혼합으로 인해 재료 합성에 어려움이 있고, 또한 열적 불안정성 때문에 상용화되지 못하고 있다.

$LiCoO_2$의 코발트 문제와 $LiNiO_2$의 불안정성을 해결하기 위하여 $LiCoO_2$와 $LiNiO_2$의 고용체가 제안되었다. $LiNiO_2$에서 니켈을 대신할 수 있는 원소로 가장 쉽게 생각할 수 있었던 것은 역시 코발트였으며, 이에 따라 $LiNi_{1-x}Co_xO_2$ 조성을 지닌 양극 재료 연구가 진행되었다. 니켈 일부를 코발트로 치환하면 층상구조의 구조적 안정성이 증가하며, 니켈 이온이 리튬 이온 자리로 이동하는 것을 억제하여 코발트의 비율이 0.3 이상일 경우에는 리튬 이온 자리에서 니켈 이온을 발견할 수가 없다. 코발트의 치환으로 인해 리튬 이온 자

리에 존재하던 2가 니켈 이온의 감소로 국부적 구조 붕괴를 방지할 수 있으며 이로 인해 비가역 용량과 사이클 특성을 향상시킬 수 있다. 이들은 완전한 고용체를 형성하며, 충전 시에 리튬이 탈리됨에 따라 우선 니켈이 산화되고, 다음으로 코발트가 산화됨이 보고되었다. $LiNi_{1-x}Co_xO_2$에 있어서 니켈이 증가할수록 에너지 용량은 증가한다. 그러나 방전전압은 Ni의 환원 전위가 Co의 환원 전위보다 낮아서, $LiCoO_2$보다 약간이나마 감소한다. $LiNi_{1-x}M_xO_2$(M = Fe, Al, Cr, Co, Ti, Mn, Mg) 고용체에 관한 연구가 활발하게 진행되었고, 코발트 외에도 철, 마그네슘, 알루미늄 등이 니켈을 치환할 원소로 제안되었지만, 전기화학적 특성이나 열적 안정성 측면에서 만족할 만한 결과를 얻지 못하였다. 따라서 Li-Ni-Co-O 계 전극에 또 다른 원소를 치환한 다성분계 양극 재료 연구가 이루어져 왔으며, $LiNi_{0.8}Co_{0.2}O_2$ 및 $LiNi_{0.85}Co_{0.1}Al_{0.05}O_2$ 등이 주목을 받고 있다. 이중 Ni, Co, Al로 구성된 화합물은 NCA라고 통상 불리며, Ni가 전이원소 층에 80% 이상이 있는 만큼 용량이 기존 재료보다 크다는 장점을 갖고 있다.

이른바 층상 고용체 활물질은 전기화학적으로 활성인 상과 비활성인 상을 복합하여 제조하는 것으로 비활성인 상은 활성인 상의 충·방전 거동 시에 발생하는 응력이나 구조적 불안정성을 보완하는 역할을 하여 고용량과 동시에 사이클 특성, 안전성을 모두 확보할 수 있는 물질이다. 대표적으로 $Li[Li_xNi_{(1-3x)/2}Mn_{(1+x)/2}]O_2$를 들 수 있는데, 이것은 $Li_2MnO_3-LiNiO_2-LiMnO_2$의 고용체 형태를 이루고 있으며 전이원소 자리에 리튬이 삽입되어 있어서 그 방전용량이 200mAh/g 이상의 매우 높은 방전용량 특성을 보인다. 또한 망간 재료의 장점인 열적 특성이 아주 우수한 장점에 비해 전자 전도도가 낮은 단점이 있다. 이러한 고용체 활물질들은 $LiCoO_2$와 달리 고상법으로는 합성이 어렵다. 이러한 재료들은 전이원소를 원자 레벨로 혼합하여야 고용화(solid solution)가 가능하기 때문에 공침법이나 분무열분해법 등의 습식법에 의해 분말 제조가 가능하다. 따라서 습식법을 이용한 대량생산 법의 적극적인 개발과 물질 자체의 도전성이 떨어지는 문제점을 극복할 수 있는 방법이 개발되어야 한다.

흔히 삼성분계, 혹은 NMC, 혹은 NCM이라고 불리는 Li-Ni-Mn-Co-O계 활물질이 많이 연구되었다. 그중에서도 $LiNi_{0.4}Mn_{0.4}Co_{0.2}O_2$과 $LiNi_{1/3}Mn_{1/3}Co_{1/3}O_2$이 우수한 전기화학적 특성을 나타내었다. 이와 같은 활물질들은 충전 전압을 4.4V로 하였을 경우 약 170mAh/g 정도의 방전용량을 나타내며, 사이클 특성도 우수하며, 코발트의 첨가로 인해 리튬 이온 자리에 존재하는 니켈의 양을 감소시킴으로써 전극의 출력 특성을 높인다. 이와 같은 NCM계 활물질은 공정 조건에 따라 그 특성이 크게 좌우되며, 특히 제조 온도에 따른 용량, 출력 및 수명 특성 등에 대한 변화가 발생할 수 있다. NCM계 양극활물질은 전지 산업에서 LCO를 대체할 전극 재료로 주목받고 있으며 에너지 용량, 출력 특성, 수명 및 가격 등을 고려하여 매우 우수한 전극 재료이며 이미 상용화되어 LCO를 대체해 나가고 있다. 현재 Ni:Mn:Co의 비가 1:1:1인 이른바 "333 활물질"이 가장 먼저 대량생산이 시작되었으며, 기존의 $LiCoO_2$와 비교해 동등 이상의 성능을 나타내고 있다. 최근에 전기자동차용 전지의 수요가 증가함에 따라, 니켈(Ni) 성분이 양극활물질의 에너지 밀도를 높이는 데 좋다는 연구 결과가 나오면서 NCM에서 니켈의 함량을 80%까지 높인 811 조성의 고니켈 함량의 NCM 물질이 제안되고 있다.

일반적으로 리튬 탄산염(Li_2CO_3)과 산화코발트(Co_3O_4)를 분쇄·혼합하여 열처리해서 제조하는 LCO에 비하여 NCM계 양극활물질은 좀 더 복잡한 합성 과정을 거치게 되고 이로 인하여 낮은 재료비에도 불구하고 높은 공정비를 포함하게 된다. 이처럼 낮은 원재료비와 높은 공정비를 가지는 물질의 경우 생산물량이 증가하게 되면 단가가 낮아지는 특성이 있어서 점차 가격 경쟁력이 증가할 것이다. NCM계 양극활물질을 합성할 때 우선 필요한 조성의 Co, Ni, Mn을 수용액에 녹인 후에, 염기를 투입하여 침전을 만들어 전구체를 합성하는 방법을 사용하고 있다. 예를 들어, $LiNi_{1/3}Mn_{1/3}Co_{1/3}O_2$의 경우 $Ni_{1/3}Mn_{1/3}Co_{1/3}(OH)_2$를 전구체로써 제조하게 된다. 이때 사용되는 방법을 공침법(co-precipitation method)이라 한다. 이렇게 제조된 탄산염 또는 수산화염의 전구체를 리튬염과 함께 열처리하여 Li-Ni-Mn-Co-O계 양극재를 합성하게 된다. 이와 같은 방법으로 합성된 활물질 입자는 작은 1차 입자들이 뭉쳐 있는 구형의 2차 입자를 형성한다. 이와 같은 입자 형성은 리튬의 확산거리 감소로 인한 출력 특성에서 장점이 예상되지만, LCO보다 탭 밀도가 낮아서 전극 성형 시나 전극의 압착 시에 어려움이 예상되며 또한 전지 전체의 에너지 밀도를 높이는 데에 방해 요소로 작용하게 된다. 그러나 물질 자체의 용량이 높고 재료비 상의 장점이 있어서 사용량이 급격히 증가하고 있다.

$LiCoO_2$나 $LiNiO_2$의 경우에는 코발트(Co)와 니켈(Ni)이 각각 3가 이온으로 존재하며, 충전 과정에서 각각 4가 이온으로 산화되었다가 방전 시에 다시 3가 이온으로 환원되는 과정을 겪게 된다. 그러나 $LiNi_{1/3}Mn_{1/3}Co_{1/3}O_2$은 초기 상태에서 Co는 3가, Ni는 2가 Mn은 4가를 가진 상을 이루고 있으며, 충전 중에는 Ni가 2가에서 3가로 산화된 후 다시 4가로 산화되고, 그 이후에 Co가 3가에서 4가로 산화되는 순서로 반응이 진행됨이 확인되었다. Mn은 충·방전 중에 산화·환원되지 않으며 전체적인 상의 안정성에 기여한다고 파악되고 있다. 또한 Mn이 3가로 변하지 않기 때문에 Mn의 용출이 억제되는 효과도 있다.

16

스피넬 구조 양극활물질

    스피넬(spinel) 구조를 갖는 화합물은 화학식이 AB_2O_4 형태로 표현되며, $LiMn_2O_4$는 스피넬 구조를 지닌 대표적인 리튬 전이금속산화물로서, 가격과 안전성 등의 문제로 관심이 증가하면서 꾸준히 연구되었다. 리튬-망간계 스피넬 산화물인 $LiMn_2O_4$ 통칭 LMO는 용량이 100~120mAh/g으로 LCO($LiCoO_2$)보다 10% 정도 낮으나, 합성이 쉽고 안정성이 우수하고 저렴해서 대형전지용 양극 재료로 주목을 받고 있다. LMO는 LCO와 비교해 제조가격이 싸고, 환경친화적이며, 리튬이온 이차전지의 안전과 관련하여 활물질의 열안정성이 뛰어나다는 장점을 갖고 있다.

한편 LMO는 가역 용량이 120mAh/g 내외로 LCO에 비해 작고 사이클 진행에 따른 용량의 감소가 발생하며, 특히 고온에서 수명 특성이 크게 저하된다는 문제점을 지니고 있다. 리튬망간 스피넬은 리튬의 삽입/탈리 과정에서 입방체(cubic)를 유지하면서 등방성 부피 변화를 해서 비등방성 부피 변화를 하는 층상구조보다 안정하다. 그러나 Mn의 평균 산화수가 3.5 미만으로 떨어지면 얀-텔러 변형(Jahn-Teller distortion)에 의해 격자의 불균일성이 증가하게 되고 이러한 불균일성은 입자 내에 미세한 크랙을 유발하게 되고 결정성이 저하 되어 결과적으로 사이클 안정성을 떨어뜨리게 된다. 이러한 문제를 해결하기 위하여 다른 금속이온을 첨가하는 연구가 많이 이루어져 왔으며, 이종 금속이온의 첨가는 필수적인 것으로 파악되고 있다.

전해질과 스피넬 화합물이 55℃에서 접촉하면 스피넬 물질이 화학적으로 불안정하여 결정구조가 무너지고 전해질로 망간이 녹아 나온다는 연구 결과가 보고되고 있다. 스피넬 물질을 실제 전지에 사용하면 전지 내 온도가 상승하는데 이러한 온도 상승은 결국 양극활물질의 손실을 유발하여 아주 심각한 문제가 된다. 이와 같은 문제의 해결 방법으로는 스피넬 물질 표면에 다른 물질을 코팅하는 방법이 보고되었다. 상온에서는 우수한 충·방전 사이클을 보이지만, 50~70℃에서 사이클 특성이 감소하는데, 그 이유로 망간의 일부가 유기 전해질 용액으로 용해되기 때문이라고 지적되었다. 그리고 용해된 망간이 금속 망간으로서 음극 표면에 석출되는 것도 사이클 열화에 관련됨을 보고하였다. 일부가 치환된 LMO 스피넬 물질 중에서는 코발트 원자로 치환된 경우가 용해를 막아준다는 사실을 보고하고 있다. 또한 최근에는 이러한 물질의 표면을 개질하여 망간의 용해를 막으려는 노력이 진행되고 있다. 이러한 노력과 더불어 전기자동차용 전원을 목표로 하는 한 고온에서의 망간 용해를 억제하기 위해 폴리머 전해질과의 조합과 전해액 자체의 개량 등의 연구가 요구되고 있다.

LMO는 현재 가격 측면에서의 우위를 바탕으로 전기자동차의 중대형 리튬이온 이차전지용 양극활물질로 각광 받고 있으며, 상용화 실현을 위해 LMO의 문제점을 해결하기 위한 노력이 진행되고 있다. LMO의 문제점 중 하나인 수명 특성의 저하는 어느 한 요인에 의해서라기보다는 여러 요인이 복합적으로 작용한 것이며 특히 고온 수명 특성은 LMO가 전기자동차 등 고온 환경에서의 사용을 목표로 하는 것이기 때문에 반드시 해결해야만 하는 문제이다.

현재 LMO의 수명 특성에 영향을 미치는 요인으로는 얀-텔러 변형, Mn의 용출, 구조적 불안정성, 전해액 분해에 의한 표면의 피막 생성 등이 제시되고 있다. 각각의 요인은 서로 연관된 작용으로 발생 되는 결과로 먼저 얀-텔러 변형에 의한 구조 변화를 살펴보면 사이클이 진행되는 동안 활물질의 수축과 팽창이 반복되면서 미세 변형과 구조의 붕괴 등이 발생하여 전극의 용량이 감소하게 되며, 전해액에 존재하는 불순물인 HF에 의해 활물질 내의 망간이 용출되며 또한 3가의 망간이 불균등화(disproportionation) 반응으로 망간 4가와 2가로 변하게 되어 망간 2가 이온이 전해액으로 용출되어 활물질을 감소시킬 뿐만 아니라 음극의 표면에 전착되어 음극의 저항을 급격히 증가시키는 현상을 발생시킨다. 이종 금속이온으로 망간을 일부 치환하여 망간의 평균 산화수를 높여서 얀-텔러 변형을 감소시키며 동시에 망간의 용출도 억제하는 방향으로 개발이 진행되고 있다. 망간 자리에 Li, Co, Ni, Al, Mg, Ba 등 망간보다 산화수가 낮은 다양한 금속을 치환하게 되면 수명이 개선되고 있다고 보고 있다. 그와 동시에 $LiMn_2O_4$ 표면코팅을 통해 전해질로의 망간 이온의 용해를 최소화하고 표면에서 전해액 분해를 억제시키려는 연구도 수행되었다.

스피넬 구조를 갖는 $LiMn_2O_4$는 저가격이며 열적 특성이 우수한 재료이다. 그러나 이론 용량이 148mAh/g 정도로 다른 재료에 비해 작고, 3차원 터널 구조를 갖기 때문에 리튬 이온의 삽입·탈리 시 확산 저항이 커서 확산계수가 2차원 구조를 갖는 층상 재료에 비해 낮으며, 얀-텔러 효과(Jahn-Teller effect) 때문에 사이클 특성이 좋지 않다. 특히 55℃의 고온 특성이 $LiCoO_2$에 비해 열악하여 실제 전지에 널리 사용되지 못하고 있다. 일본의 일부 회사가 에너지밀도가 낮은 전지에 적용하고 있으나, 낮은 에너지밀도와 짧은 수명 때문에, 널리 상업화되지 못하고 있다.

　최근에 고용량 재료인 5V급 스피넬인 $LiM_xMn_{2-x}O_4$(M=Ni, Co, Cr, Fe, Cu)에 관한 연구가 진행 중이다. 이 재료는 $LiCoO_2$와 같은 정도의 용량을 얻을 수 있을 뿐만 아니라 격자 산소의 분해 온도가 350℃ 이상이어서 열적 안정성이 우수하다. 이 스피넬 화합물에서 Mn은 4^+의 산화 상태를 가져 전기화학 반응에는 활성이 없으나 결정구조의 안정성에 기여하며, 5V 특성은 Ni^{2+}에서 Ni^{4+}로의 산화 반응으로 나타난다. 이 스피넬 구조 내에 존재하는 Mn은 4^+ 상태이므로 4V급에서 나타나는 Mn^{3+} 존재로 불산에 대한 Mn^{2+} 용해($Mn^{3+} \leftrightarrow Mn^{4+} + Mn^{2+}$) 때문에 나타나는 용량 감소가 발생치 않는 장점이 있다. 이 5V급 스피넬은 치환되는 금속(M)의 종류나 양에 따라 상이(相異)한 전기화학적 특성을 보이고 있으며, 지금까지 알려진 가장 우수한 재료는 $LiNi_{0.5}Mn_{1.5}O_4$이다. 이 5V급 스피넬 $LiNi_{0.5}Mn_{1.5}O_4$는 평균 방전전압이 4.7V로 다른 재료에 비해 약 1.0V 높은 고전압을 나타낸다. 에너지밀도 측면에서 보면 높은 에너지밀도를 갖는 $LiNiO_2$보다 약 20Wh/kg 더 많은 696Wh/kg의 에너지밀도를 갖는다. $LiNi_{0.5}Mn_{1.5}O_4$는 현재 시장은 형성되어 있지 않지만, 높은 에너지밀도와 우수한 수명 특성으로 인해 상업화될 전망이 있다.

17

올리빈 구조 양극활물질

20여 년 전의 노트북 컴퓨터 발화사고와 최근에 전기자동차 발화사고가 발생함에 따라 리튬이온 이차전지의 안전성에 대한 문제가 계속 제기되고 있다. 이에 전지의 안전성을 높이고자 전지에 사용되는 소재에 대한 개선이 계속 이루어지고 있으며 안전성이 높은 전극 재료의 사용, 난연 전해액의 적용, 세라믹 복합재를 분리막으로 적용하는 등의 노력이 지속되고 있다. 그러나 안전성 향상을 위한 기술의 도입에는 전지의 성능 저하 또는 제조 단가 상승이라는 문제를 동시에 가져오는 점이 문제로 제기되고 있다. 기존에 주로 사용되는 양극 재료인 LCO($LiCoO_2$) 등의 경우 높은 용량 및 우수한 수명 특성을 나타내고 있으나 코발트(Co)의 안전성이 다소 낮은 점과 높은 가격의 문제가 제기되었다.

1997년경 발표된 올리빈(olivine) 구조를 지니는 $LiFePO_4$(일명 LFP) 양극 재료가 주목받게 되었는데 인산염으로 인한 P-O의 높은 결합력으로 인하여 비정상 거동 시에 산소의 탈리가 억제되어 안전성이 높다는 점이 확인되었다. $LiFePO_4$는 전이원소로 철(Fe)을 사용하여 가격이 싸고, 올리빈 상(相)이 구조적으로 안정하다는 특성으로 인해 차세대 양극활물질로 각광 받아 왔다. LFP 물질은 고온에서의 수명 특성이 우수하다는 점과 철의 낮은 원료 가격으로 점차 많이 주목받게 되며 중국의 업체를 중심으로 상용화된 전지에 사용되기 시작하였다. 올리빈 구조를 지닌 $LiFePO_4$의 가장 큰 장점은 안정적인 구조로 인해 수백 사이클이 지나도 용량의 감소가 별로 일어나지 않는다는 점이다.

$LiFePO_4$는 Fe^{3+}/Fe^{2+}간의 산화·환원 반응에 기인한 3.45V의 평탄(plateau) 전압 영역을 가지며, 170mAh/g의 이론 용량을 가지고 있다. 또한 540Wh/kg의 에너지밀도를 가지고 있어 기존에 상용화되어 사용되고 있는 $LiCoO_2$(500Wh/kg)보다 높다. $LiFePO_4$는 철(Fe)을 중심 금속으로 사용하기 때문에 가격이 저렴하고, 독성과 흡수성이 없는 친환경 재료이나, 전자전도성이 낮은 단점이 있다.

$LiFePO_4$ 양극 재료의 방전전압이 기존의 양극 재료보다 0.5V 이

상 낮은 3.4V이어서 전지의 작동 전압 역시 낮아지는 치명적인 문제점을 가지고 있다. 기존의 3.7~3.8V 리튬이온 이차전지에 비하여 낮은 작동 전압인 3.2V 부근에서 약 20% 정도 에너지밀도가 낮다. 이는 고에너지 밀도를 추구하는 전지 시장에 있어서 치명적인 문제점으로 작용하게 된다. 그러나 최근 전지 시장이 고용량보다도 고안전성 및 저가격에 관심이 증가하면서 LFP의 채용이 늘어가고 있다. 인산염계 활물질은 낮은 작동 전압 이외에도 아직도 다음과 같은 약점을 지니고 있어 이를 극복해 나아가야 한다.

약점의 첫 번째는 낮은 전기전도도이다. $LiFePO_4$의 전기전도도는 약 10^{-9} S/cm 범위로 $LiCoO_2$($10^{-2\sim3}$ S/cm), $LiNiO_2$($10^{-5\sim6}$ S/cm), $LiMn_2O_4$($\sim10^{-5}$ S/cm)와 비교해 매우 낮은 수준이며 따라서 방전 시 굉장히 낮은 전류밀도 하에서만 이론적 방전용량을 나타낼 수 있다. 이를 해결하기 위해 많은 연구가 이루어져 왔으며 가장 대표적인 방법으로 도전제로 흔히 사용되는 탄소를 $LiFePO_4$ 입자 표면에 코팅하는 방법이 사용되고 있으며, 이와 같은 표면 탄소 코팅 방법에 따라 활물질의 전기전도도가 $10^{-5\sim6}$ S/cm 정도로 향상되는 것이 보고되었다. 이같이 낮은 전기전도도를 극복하기 위한 탄소가 코팅된 형태로 $LiFePO_4$를 제조하는 방법은 특히, 탄소를 이용한 환원방법(carbothermal reduction)으로 제조하는 경우 2가의 Fe 대신에 전구체를 더욱 저렴한 3가의 Fe를 사용할 수 있게 되는 장점도 함께 가져오게 되었다.

약점의 두 번째로는 LiFePO$_4$ 내부에서 리튬 이온의 확산 속도가 매우 느려서 속도 특성이 나쁘다. 따라서 분말 입자의 크기를 마이크로미터 이하의 크기로 매우 작게 만들어서 느린 확산 속도를 극복해 나아가고 있다. 현재는 탄소 입자가 코팅된 형태로 마이크로미터 이하의 분말 입자로 제조하는 것이 일반적인 제조 방법이다.

세 번째로는 LiFePO$_4$의 Fe 산화수가 2가인데 공기 중에서 3가의 Fe가 안정해서 공기 중에서 합성이 되지 않기 때문에 환원 분위기에서 제조하여야 한다. Fe가 다른 전이원소와 비교하여 매우 낮은 가격이지만 환원 분위기에서 제조하면서 공정비용이 증가하여 기대만큼의 낮은 가격을 형성하고 있지는 못하고 있다. 그리고 입자 형상 및 산화수의 조정 등이 요구되기 때문에 재연성 있는 물성을 얻기 위한 공정의 확립에서 어려움을 지니고 있다. 사용량이 점차 증가하는 추세여서 생산량 증가에 따라 공정의 안정화와 공정비용 개선 효과가 발생하게 될 것이므로 점차 가격이 낮아질 것으로 기대하고 있다.

한편 올리빈 구조를 지니면서 작동 전압이 더 높은 재료에 대한 개발이 주목받고 있으며 이에 LiMnPO$_4$의 인산염들이 주목받게 되었다. LiMnPO$_4$의 경우에는 작동 전압이 4.1V 부근으로 기존의 양극 재료와 유사하거나 오히려 약간 높은 전압을 나타낸다. 이에 LiMnPO$_4$에 관심이 증가하고 있으나, LiFePO$_4$에서 나타나는 것과 마찬가지로 낮은 전기 전도성 및 이온전도성의 문제가 존재할 뿐만 아니라 리튬과의 반응 특성이 $LiFePO_4$에 미치지 못하여 매우 열악한 성능을 발현하고 있다. $LiFePO_4$의 경우 나노미터 크기의 분말 입자로 합성되어 리튬 이온의 전달 경로를 짧게 하여 낮은 이온전도성을 해결하였으며 탄소를 코팅하거나 복합재료를 제조하여 전기 전도성을 향상시켜서 안정적인 성능을 발현할 수 있게 되었다. $LiMnPO_4$의 경우 졸겔(sol-ge)l 법을 이용하여 작은 크기의 분말 입자를 형성하거나 탄소와의 복합재료를 형성하는 것 이외에도 Fe와 고용체를 형성하여 낮은 리튬의 이동성을 향상시키려는 연구도 진행되었다. 그러나 Fe와 Mn의 반응전압 차이가 커서 실제 적용은 곤란하다고 판단되고 있다. 여하튼 $LiMnPO_4$는 적절한 이론 용량과 반응전압을 지니고 있어 가능성이 높은 물질로 판단되고 있다.

18 음극활물질

　리튬이온 이차전지의 음극으로 사용될 수 있는 물질의 요건은 여러 가지가 있겠지만, 중요한 요건들만 지적하면 첫째 금속 리튬의 표준 전극전위에 근접한 전위를 가져야 한다. 그리고 부피당, 무게당 에너지밀도가 높아야 하며 뛰어난 사이클 안정성과 높은 쿨롱 효율(Coulomb efficiency)을 보여야 한다. 높은 쿨롱 효율이란 여러 번의 충·방전 사이클을 경험하여도 효율 즉 전기량이 초기보다 크게 떨어지지 않는다는 의미이다. 또한 고속 충·방전에 견딜 수 있도록 속도 특성도 우수해야 하고 전지의 안정성을 보장할 수 있어야 한다. 이러한 음극 재료로 리튬 금속이 3,860mAh/g의 이론 용량을 가져 에너지밀도 면에서 가장 우수하기는 하지만 리튬 금속은 유기 전해액 내에서 열역학적으로 불안정하다. 이러한 리튬의 불안정성과 충전과 방전을 반복할 때 생성되는 수지상(dendrite)은 전지의 사이클 효율을 떨어뜨리고 사이클이 거듭됨에 따라 안정성에 큰 문제를 일으킨다.

이러한 금속 리튬 전극의 낮은 충·방 효율과 안정성을 극복하기 위하여 대안들이 제기되었으며 탄소 재료와 합금계 음극 재료의 가능성이 보고되었다. 여러 대안 중에서 흑연계 음극 재료가 작은 용량에 PC(propylene carbonate) 계 전해질을 사용할 수 없다는 단점에도 불구하고 다른 우수한 물성으로 인하여 상용화에 성공하였다. 무질서한 구조를 갖는 탄소 재료인 하드 카본이나 소프트 카본은 흑연에 비해 높은 단위 질량당의 용량을 가지고 있으며 가격 면에서 장점을 갖고 있다. 반면에 초기 충전 후 용량이 그 뒤의 충전 시의 용량과 차이가 크게 나고 부피당 용량이 작은 단점을 지니고 있다. 현재의 기술로는 리튬이온 이차전지의 음극으로 안정성 등의 이유로 리튬 금속을 사용할 수 없어서 리튬의 환원 전위 근처에서 용량이 발현되는 탄소 재료가 많이 사용되고 있다.

이렇게 음극 재료로 탄소 재료가 사용하게 된 데에는 흑연 층간 삽입 화합물(graphite intercalation compounds, GIC) 연구가 1800년대부터 이미 진행되었기에 가능하였다. 탄소 음극 재료의 다양한 화학적 혹은 물리적 처리 방법 개발에 따라 전기화학적 특성이 계속 개량되고 있다. 흑연의 실용적인 용량이 350mAh/g(LiC_6의 이론 용량 = 372mAh/g)이지만, 최근에는 450mAh/g의 가역 용량을 갖는 탄소 재료가 보고되고 있으나 효율 및 수명 등의 물성이 뒤처지게 되어 아직 상용화되지는 못하였다.

탄소를 대체하기 위한 새로운 음극 재료의 개발도 매우 활발히 진행되고 있다. 그것들은 크게 리튬의 합금재료와 전이원소의 산화물, 질화물, 인화물 등으로 분류할 수 있다. 이러한 음극활물질은 탄소 재료에 비해 높은 용량과 에너지밀도라는 측면에서 큰 주목을 받고 있다. 리튬 합금은 오래전부터 음극 재료로 연구되었다. 그러나 충·방전 시의 부피 변화가 매우 크기 때문에 전극 물질에 응력이 가해지고 분말 입자의 분쇄 현상이 일어나 사이클 수명이 열등하게 나타난다. 합금 입자의 크기를 작게 함으로써 입자 분쇄에 대한 내성을 증진할 수 있으나 특성 향상이 충분하지 않다. 이러한 문제를 해결하기 위하여 전기화학적으로 활성인 금속 입자를 비활성 금속의 버퍼 매트릭스(buffer matrix) 내에 분산시킨 복합재료가 제시되고 있다. 질화물인 $Li_{3-x}Co_xN$은 가역 용량이 600mAh/g 이상으로 크고 안정하여 음극 재료로 유망하다고 보고되었으나 습도에 매우 민감하여 대량생산에 어려움이 있다. 또한 코발트(Co) 이외의 다른 리튬 전이금속 질화물의 전기화학적 특성은 열등하다.

일본의 후지(Fuji) 회사가 1990년대 개발한 비정질 주석 복합 산화물(ATCO, amorphous tin-based composite oxide)은 흑연보다 2배의 용량을 갖는다. 최초 충전 시에 리튬에 의하여 비가역적으로 ATCO의 분해가 일어나 리튬 산화물인 lithia(Li_2O)와 금속인 주석(Sn)이 생성된다. 이후 사이클에 의하여 리튬 산화물 매트릭스 내에서 나노미터 크기를 갖는 리튬-주석의 합금 반응이 가역적으로 일어난다. 그러나 ATCO를 이용한 리튬이온 이차전지는 상업화되지 못했는데, 이는 사이클 수명의 문제와 최초 충전 시에 발생하는 비가역 반응으로 인한 비가역적 용량손실이 크기 때문이다. 버퍼 매트릭스 개념을 이용한 또 다른 시도로 활성인 주석(Sn) 입자를 비활성인 $SnFe_3C$의 입계면(grain boundary)에 석출시킨 복합재료가 제시되었다. 이 재료는 수 백회의 사이클을 할 수 있음이 보고되었으나 용량은 상대적으로 낮아서 기대효과가 크지 않았다.

최근 전이원소 산화물인 MO(M = Co, Ni, Fe, Cu, Mn) 산화물이 음극 재료로 주목받고 있다. 여기서 M은 리튬 원소와 합금을 형성하지 않는 금속원소로 전이원소이다. 연구 결과에 의하면, 기존의 탄소 재료보다 2~3배 용량이 크고 100회 이상 충·방전해도 용량이 유지된다. 산화물 MO에 리튬이 삽입될 때 금속 M의 나노입자와 Li_2O이 형성되고, 계속되는 충·방전에 의해 Li_2O는 가역적으로 생성과 분해를 반복한다. 초기 MO 산화물 입자의 크기가 작을수록 반응성이 좋아진다고 보고되었다. 그러나 음극으로 사용하기에는 반응전압이 리튬 대비 2V 부근으로 너무 높아서 전지 제조 시의 작동 전압이 너무 감소하게 되므로 높은 용량에도 불구하고 에너지는 기존의 전지와 비교하여 장점을 갖지 못한다. 또한 생성과 소멸을 반복해야 하는 Li_2O와 금속 M이 응집되어 반응성을 점차 잃게 되며 또한 충·방전 중의 부피 변화가 커서 전극 내의 분말 입자 간 접촉도 저하되어 수명에 한계를 지니고 있다. 또한 초기에 비가역 반응이 크게 발생하여 효율이 낮은 문제점도 갖고 있다. 최근에는 탄소와의 복합재로 사용하여 수명이나 속도 특성을 개선하거나 금속을 일부 첨가하여 효율을 높이는 접근이 이루어지고 있다.

19

탄소계 음극활물질

    리튬이온 이차전지의 음극활물질용 탄소는 일반적으로는 결정성을 기준으로 흑연(graphite)과 비정질 탄소(amorphous carbon)로 구분하고 있다. 흑연은 화학조성이 탄소이고 결정구조가 육방정계인 광물로 육각 평면이 중첩된 층상구조를 지닌 공유결합 물질이다. 흑연 층간의 평면 사이는 금속결합과 반데르발스(van der Waals) 결합의 중간인 느슨한 결합으로 구성되어 있다. 흑연은 연하고 윤활성, 결정구조가 잘 배향되어 있을 때는 평면을 따라서 전자가 움직여 전류가 흐르나, 평면과 수직인 방향으로는 전류가 흐르지 않는다. 탄소 분말을 3,000℃에 가까운 고온에서 장시간 흑연화 공정을 거치면, 난층 구조 중에 삼차원적인 규칙성이 발달하여 흑연구조를 구성하게 된다.

흑연 재료는 제조 방법에 따라 인조흑연(artificial graphite)과 천연흑연(natural graphite)으로 구분할 수 있다. 인조흑연은 피치나 코크스와 같은 원료나 흑연화가 가능한 소프트 카본을 2,500~3,000℃의 고온에서 열처리하여 흑연을 형성한 것이다. 이와 비교하여 천연흑연은 자연상에서 채굴되는 것으로 인조흑연보다 높은 결정성을 지니고 있어 흑연 층이 더 잘 형성되어 있는 특징이 있다. 천연흑연은 높은 결정성으로 인하여 판상(flake) 형태를 지니고 있다. 이에 비하여 인조흑연의 경우 흑연화 이전에 형상을 제어할 수 있어서 특별한 형태를 지니고 있지 않은 비정형 흑연은 물론, 구형을 이루고 있는 구상흑연이나 섬유상 흑연 등으로 제조할 수 있다. 대표적인 구상흑연으로는 일본의 회사에서 제조하여 판매하고 있는 MCMB (mesocarbon microbead)를 들 수 있으며, 섬유상 흑연으로는 현재는 생산되지 않는 MCF (mesophase carbon fiber)를 대표적으로 말할 수 있다. 이 중 섬유상 흑연 재료가 고출력 특성이 있어 전지의 고성능화 관점에서 주목받고 있는 물질이지만 제조 단가가 비싸다는 단점을 가지고 있다.

비정질 탄소는 난흑연화성 탄소(non-graphitizable carbon)라고도 불리는 하드 카본 (hard carbon)과 이흑연화성 탄소(graphitizable non-graphitic carbon)인 소프트 카본(soft carbon)으로 크게 분류

한다. 하드 카본과 소프트 카본은 모두 저결정성인 비흑연계 탄소(non-graphitic carbon)라는 공통점을 갖고 있다. 소프트 카본의 경우는 2,500℃ 이상의 고온 열처리를 통해 결정화를 진행하면 흑연화가 가능하지만, 하드 카본은 고온 열처리에도 흑연화가 되지 못한다는 점에서 구분된다. 하드 카본은 주로 열경화성 수지나 유기화합물 등을 탄화시켜서 얻을 수 있으며, 수 개의 층으로 이루어진 작은 흑연 층상의 결정들이 불규칙하게 배열되어 있고, 그 사이가 cross-linking된 구조로 되어 있다.

반면 이흑연화성 탄소인 소프트 카본의 경우는 층상구조가 흑연보다는 불규칙하지만, 어느 정도의 배향성을 가지고 배열이 되어 있는 구조이다. 이러한 이유로 소프트 카본은 2,500℃ 이상의 고온 열처리를 통해서 흑연화가 가능하다. 소프트 카본의 주요한 원료는 석유를 정제하고 남은 잔류물인 피치(pitch)나 석탄 건류 후 얻어지는 코크스(cokes) 등이며 이를 비활성 분위기에서 열처리하여 소프트 카본을 얻는다. 이와 같은 탄소 재료들은 서로 다른 미세구조를 갖고, 전기화학적인 거동 또한 큰 차이를 보이게 된다. 현재 리튬이온 이차전지의 음극 재료로 탄소재료는 흑연질 재료와 비흑연질 재료 모두가 사용되고 있다.

그동안 리튬이온 이차전지의 음극활물질로는 주로 인조흑연이 사용되었다. 인조흑연은 천연흑연보다 상대적으로 결정성이 낮으며 초기 효율도 높고 전해액 분해 정도도 낮고 수명도 우수하다. 그러나 천연흑연에 비교하여 층상구조가 충분히 발달되어 있지 않기 때문에 무게당 용량이 10% 이상 낮을 뿐 아니라, 2,500℃ 이상의 고온에서 열처리하여 제조하기 때문에 생산단가가 높은 점도 문제점으로 지적되었다. 따라서 낮은 가격을 지니면서 용량도 흑연의 이론용량에 가깝게 발현하는 천연흑연을 음극으로 적용하고자 노력하였다. 천연흑연의 경우에는 충·방전 중의 부피 변화가 인조흑연보다 크고 사이클 수명도 부족하며, 전해질 분해에 의한 초기 비가역 반응의 발생량도 많아서 낮은 초기효율의 문제점도 지니고 있어 상용화에는 어려움을 가지고 있었다. 수계 바인더인 SBR(styrene-butadiene rubber)/CMC(carboxymethyl cellulose)가 적용됨에 따라 초기효율이 크게 개선되고, 기존의 PVdF(polyvinylidene fluoride) 계 바인더보다도 강한 접착력으로 충·방전 중의 부피 변화에 의한 성능 퇴화도 완화되어 충분한 수명을 확보할 수 있었다. 오히려 현재는 고용량화, 저가화 추세에 발맞추어 인조흑연보다도 천연흑연이 더욱 많이 사용되고 있다.

탄소는 기본적으로 흑연의 층간에 리튬이 삽입되어 탄소 원자 6개당 리튬 원자 1개가 저장되어 LiC_6와 같은 형태를 취하지만, 위에 열거한 탄소계 재료 중에서 흑연을 제외하면 리튬 이온의 탄소 내 층간 삽입 반응 이외의 반응으로도 리튬 이온이 저장될 수 있다. 비흑연계 탄소는 복잡한 미세구조로 인해 전구체의 종류나 열처리 조건에 의해 전기화학 특성이 크게 바뀌게 된다. 비흑연계 탄소 특히 하드 카본과 같이 내부에 작은 기공(cavity)을 다수 포함하고 있는 경우 이 속으로도 리튬이 저장될 수 있다. 또한, 저온에서 탄화된 탄소는 작은 흑연 결정의 가장자리 부분의 수소의 dangling bond 가 리튬과 반응하면서 용량을 발현할 수 있다. 이러한 이유로 인하여 특히 하드 카본은 흑연의 이론 용량 이상까지도 도달하는 장점을 갖고 있다. 또한 흑연에서의 문제점인 PC(propylene carbonate)와 같은 전해질에서 상호층간삽입(co-intercalation) 반응이 없고 충·방전 중에 부피 변화가 크지 않은 점, 그리고 낮은 가격을 하드 카본의 장점으로 꼽을 수 있다. 하드 카본은 흑연의 이론 용량을 뛰어넘으며 낮은 전위대에서의 용량이 나오고 뛰어난 사이클 안정성을 보이기 때문에 많은 주목을 받고 있다. 그러나 리튬 이온의 저장에 관한 반응 기구(mechanism)가 아직도 명확하지 않아, 여러 가지 이론들이 제시되고 있다.

하드 카본은 일반적으로 높은 비가역 용량을 갖는다는 단점을 가지고 있으며, 완전하게 충전하기 위해서는 낮은 전압에서 정전압으로 충분히 충전되어야 하는 단점을 지니고 있다. 이는 일반적으로 흑연보다 훨씬 큰 비표면적과 충전 시 미세기공 안에 삽입된 리튬이 방전 시 빠져나오지 못하는 이유(trapping)로 보고되고 있다. 또한 전위가 평탄하지 않고 탄소가 아닌 수소와 같은 이종 원소와 리튬 이온 간의 반응 때문에 충전과 방전 시 이력현상(hysteresis)을 나타나게 되는 특성 등은 흑연 재료와 비교하여 단점으로 지적된다. 그리고 높은 용량에도 불구하고 낮은 밀도와 높은 음극 전위로 인한 전지 전압의 저하로 인하여 부피당의 에너지 상의 장점이 크지 않아서 초기효율까지 고려하면 상업적으로 큰 장점을 찾기 어렵다. 하드 카본은 일본에서는 한동안 상용화되어 전지에 사용되었으나 여러 한계점으로 인하여 현재는 사용이 중단되어 있다. 그러나 최근에 전기자동차용 리튬이온 이차전지의 요구가 증가함에 따라 고출력, 고입력, 장수명이 요구되어 흑연계 재료보다 우수한 특성을 나타내어 적용에 관하여 많은 연구가 진행되고 있으며, 일부에서는 이미 적용되고 있다.

앞서 기술한 바와 같이 리튬이온 이차전지에서 현재 음극 재료로 흑연과 하드 카본이 실용화되어 있으나, 전기자동차용 배터리를 생각할 때는 각각 일장일단(一長一短)이 있어 얻을 수 있는 전지의 특성에도 차이가 생긴다. 주된 차이는 아래와 같다. 방전 곡선 모양은 흑연 음극재를 사용한 전지에서는 거의 평탄하고 평균 작동 전압은 3.7V인 것과 비교하여 하드 카본은 방전과 함께 완만하게 전압이 강하하는 경사형의 전압 추이를 나타내고, 평균 작동 전압은 3.6V로 약간 낮아서 방전 에너지는 흑연을 사용한 것이 하드 카본의 경우보다 크다. 또한 단위 셀 당의 cut-off 전압의 설정이 2.5V까지 허용되면 방전용량은 흑연이나 하드 카본이 거의 같아지지만, 그보다 높은 3.0V 정도의 전압으로 설정하면 용량은 흑연 음극 쪽이 크게 된다. 이렇게 하드 카본을 음극으로 적용한 전지에서는 방전량에 따라 전압이 내려가기 때문에 전지 단자 전압을 읽는 것만으로 쉽게 잔존용량을 알 수가 있다. 즉 잔존용량 즉 SOC(state of charge)의 예측이 쉬워, 전지의 관리가 쉬운 장점이 있다. 더욱이 이 방전 곡선 모양의 차이는 충전 성능에도 커다란 영향을 미친다. 또한 음극의 충·방전 곡선이 흑연에 비하여 높은 전위에 위치하므로 충전 전류를 받아들이기 쉬워 고입력 파워를 지닐 수 있다. 특히, 전지 전압이 방전심도(depth of discharge, DOD)가 깊어짐에 따라 내려가는 하드 카본 음극 쪽이 회생제동에 의한 충전 전류를 받기 쉽다는 장점이 있다. 반면에, 흑연 음극을 쓴 리튬이온 이차전지에서는 단자 전압이 거의 일정하여 방전이 진행되어도 충전 성능에는 변함이 없을 뿐 아니라, 음극의 반응전압이 리튬의 전착(plating) 전위와 유사하여 높은 충전 전류를 받아들이기 어려운 단점을 지니게 된다.

그리고 흑연과 하드 카본에서 리튬의 삽입과 탈리의 과정에서 층간의 팽창과 수축 유무에 따라 사이클 특성에 차이가 생기게 되므로 상대적으로 층간 팽창이 완화되는 하드 카본이 흑연보다 우수한 사이클 수명을 갖는다. 그리고 하드 카본은 결정성이 낮아 분말 입자 표면에 노출된 edge site가 거의 존재하지 않기 때문에 PC(propylene carbonate) 전해액에 의한 층간 박리(exfoliation)도 발생하지 않을 뿐 아니라 전해액 분해를 촉진하는 효과도 작아서 전지의 장기 보관 시에 전해액 분해가 상대적으로 완화되어 피막의 생성이 흑연에 비하여 크지 않기 때문에 수명에서 유리한 점을 지니고 있다.

소프트 카본의 경우에는 1,000℃ 이하의 저온에서 탄화되면 매우 높은 용량을 지니기 때문에 고용량 재료로서 많은 관심을 받았다. 그러나 낮은 초기효율 및 열악한 사이클 특성으로 인하여 더 이상의 상용화가 진행되지 못하였다. 그러나 전기자동차용 장수명, 고출력 전지가 요구됨에 따라 다시 비정질 탄소가 주목을 받게 되면서 소프트 카본도 관심을 받고 있다. 새로운 용도에서는 고용량 전지용 음극이 아니라 1,400℃ 이상의 온도에서 열처리되어 용량은 흑연보다도 낮지만, 장수명, 고출력 특성을 가진 재료로 활용을 기대하고 있다. 전기자동차용 리튬이온 이차전지용 음극으로 계속 검토되고 있는 하드 카본과 비교하여 유사한 물성을 지니면서도 생산가격이 낮은 소프트 카본은 채용 가능성이 높게 검토되고 있다.

20
합금계 음극활물질

　리튬 합금 음극은 1970년대부터 연구되었는데, 그 방향은 전극 표면에서의 리튬의 활동도를 낮추어 수지상 성장을 방지함으로써 안정성을 확보하는 것이었다. 리튬과 합금을 형성할 수 있는 재료는 기본적으로 리튬과 합금 반응이 가능하며, 상온에서 리튬의 확산계수가 높아야 전극으로 사용할 수 있는데, 이를 만족시키는 금속으로는 Al, Sn, Mg, Si, Ge, Bi, Ag, Sb, Pb, Cd 등이 있다. 이러한 리튬 합금계 물질들은 이론 용량이 흑연 재료에 비교하여 월등히 크기 때문에 차세대 음극활물질로서 큰 주목을 받았다. 이 밖에도 합금물질이 흑연과 대비되는 장점으로 PC(propylene carbonate)를 기반으로 하는 전해질을 사용할 수 있다는 점과 반응전압이 높아서 안정성이 더 높다는 점을 꼽을 수 있다.

리튬 합금은 리튬이 삽입·추출되는 동안 극심한 부피 변화를 겪게 되어 전극의 열화를 가져온다는 근본적인 문제를 안고 있다. 충·방전이 진행되는 동안 큰 부피 변화로 인해 전극 물질이 부스러지는(decrepitate, scumble) 현상이 일어나서 큰 용량 감소를 가져오게 된다. 흑연이 충·방전 중에 생기는 부피 변화가 10% 이내인 데 비하여 합금계 활물질의 부피 변화는 실리콘의 경우 300%를 넘기도 한다. 이는 전극의 기계적인 스트레스를 유발하여 전극 활물질의 분쇄로 이어진다. 이어서 전기적인 단락이 생겨 사이클이 진행됨에 따라서 용량이 급격히 떨어지는 문제를 유발하게 된다. 일반적으로 합금계 활물질은 충·방전 효율이 떨어지는데, 전극의 분쇄에 따라 새로운 표면이 노출되어 표면에서 부반응이 계속되기 때문으로 설명된다. 충·방전 효율이 낮다는 것은 그만큼 리튬의 소모량을 양극활물질에서 보상해야 되어서 큰 단점으로 작용한다.

현재 가장 많은 연구가 이루어지고 있는 합금계 재료는 실리콘(Si, silicon)과 주석(Sn, tin)이다. 두 물질은 모두 매우 큰 이론 용량을 지니고 있고 가격도 그다지 높지 않아서 성능을 개선하면 상용화될 소지가 있다. 그러나 충·방전 중의 급격한 부피의 변화로 인하여 용량이 감소하는 문제를 지니고 있다는 점에서는 공통점이 있다. 여러 가지 다른 특성도 지니고 있는데, 주석(Sn)의 경우에는 금속 물질로서 전기 전도성이 매우 우수하지만, 실리콘(Si)의 경우 반도체로서 전기 전도성이 낮은 물질이다. 그리고 Sn의 경우 이온 상태에서 $NaBH_4$(sodium borohydride) 등의 환원제에 의하여 환원이 쉽게 이루어지며, 융점이 낮아서 다양한 합성법의 적용이나 형상의 제어 및 개질이 쉽다. 실리콘의 경우는 매우 높은 융점을 지니고 있을 뿐만 아니라, 스스로 안정한 편이고, 전구체의 종류도 매우 한정되어 있으며, 산화물인 SiO_2의 경우는 더욱 안정하여 Si보다는 SiO_2로 쉽게 변하기 때문에, 실리콘은 형상을 제어하거나 화학적인 방법으로 균일한 복합재료를 형성하는 문제 등이 수월하지 않다.

Li-Sn 시스템의 상태도(phase diagram)를 보면 여섯 종류의 중간상이 존재한다. 이 합금 시스템에서 상이 변화하면서 발생하는 부피 변화는 매우 크다. 리튬이 가장 많이 들어가 있는 상인 $Li_{4.4}Sn$은 순수한 Sn 대비 283%에 해당하는 비부피를 갖는다. 이러한 이유로 Li-Sn 전극에 리튬이 들어가고 빠져나감에 따라 음극 전극이 크게 팽창과 수축을 반복한다. 초기의 연구자들은 이 현상을 전극이 호흡(breathe)한다고 묘사하였다. 그 뒤에 주사전자현미경을 통해 전해질을 건너온 리튬(Li) 원소가 주석(Sn)이나 규소(Si) 결정에 들어가기 때문이라는 것이 밝혀졌다. 음극활물질로 조명받고 있는 탄소(C), 규소(Si), 주석(Sn) 모두 주기율표에서 4족에 속하는 원소이다. 주기율표의 4족 칸에서 밑으로 내려갈수록 원소는 반도체의 성질이 감소하고 금속의 성질이 발현된다.

원자는 원자핵과 전자로 이루어져 있다. 원자핵과 전자의 크기는 원자가 차지하는 공간의 크기에 비교하여 아주 작다. 원자 하나가 미치는 범위를 당구공 같은 딱딱한 공으로 보는 강구 모형(hard sphere model)에서 공의 크기가 바로 원자의 크기라고 말할 수 있다. 결정은 무수히 많은 원자가 일정한 규칙을 가지고 배열된 고체이다. 강구 모형에 따르면 당구공을 공간에 쌓는 방법에 따라 면심입방(body centered cubic, BCC) 결정, 체심입방(face centered cubic, FCC) 결정, 육각조밀충전(hexagonal close packed, HCP) 결정 등으로 불린다. 이중 가장 조밀하게 공간을 채우고 있는 것이 FCC와 HCP 구조인데, 공간을 채우는 비율인 원자충전율(atomic packing factor)이 74%이다. 즉 공간의 약 4분의 1이 원자로 채워져 있지 않다. BCC 결정의 원자충전율은 68%이다. 주기율표의 4족에 속해 있는 원소 중에서 3차원 공간에서 대칭적이고 규칙적으로 탄소 원자가 배열하고 있는 결정이 바로 다이아몬드이다. 이런 구조를 다이아몬드 입방체(diamond cubic, DC) 결정이라고 부른다. DC 결정의 원자충전율은 34%에 불과하다. 결정의 3분의 2가 대충 비어 있다고 보면 된다. 게르마늄과 실리콘 원소는 상온에서 DC 결정 구조를 갖고 있다.

리튬이 전기화학 반응으로 고체에 삽입될 때 원자충전율이 작은 결정에 잘 삽입될 것이다. 원자충전율이 34%로 낮은 실리콘(Si) 결정이 리튬을 잘 받아 줄 것은 자명한 이치이다. 실리콘은 충전 시에 Li 4.4개와 반응하여 최종 산물로 $Li_{22}Si_5$를 이루게 된다고 알려져 있고, 최근에는 Li 3.75개와 반응하여 $Li_{15}Si_4$를 형성한다고 보고된 바 있다. 이때 $Li_{22}Si_5$까지 합금화가 이루어지게 되면 이론 용량은 4,198mAh/g이며, $Li_{15}Si_4$까지만 형성이 되어도 3,578mAh/g으로 흑연 재료의 10배에 달하는 용량이며, 주석 재료에 비해서도 4배에 가까운 큰 용량을 가지고 있다. 그러나 충·방전 시의 부피 변화가 310%로 280% 정도인 주석의 경우보다 크며 전기전도도는 주석보다 낮고 용량의 감소가 더욱 급격히 발생하고 있다.

실리콘은 반도체로 전기전도도가 낮아서 전자의 전달 경로가 만들어지는 부분인 삼상계면(triple phase boundary, TPB)에서만 반응이 발생한다. 따라서 집전체나 도전재와 접촉하는 지역에서만 주로 반응이 발생하게 된다. 그러나 낮은 전위에서 충·방전이 발생하기 때문에 전지의 구성 시에 높은 전압을 발현할 수 있는 장점을 갖고 있다. 실리콘의 경우는 첫 충전이 이루어지면서 리튬이 삽입되고 실리콘의 결정성이 급격히 감소하게 된다. 이때 리튬이 삽입된 지역은 결정성이 거의 없는 비정질 상으로 변이되며 이후에 다시 리튬이 추출되어도 결정 상태로 돌아가지 않고 비정질 상태를 유지하게 된다. 그러나 충전 시에 리튬을 충분히 삽입하게 되면, 비정질 상태의 Li_xSi 상에서 $Li_{15}Si_4$ 결정상으로 전이되며, 새로운 결정상의 생성은 전압 곡선의 형태를 좀 더 직선에 가까운 평탄부(plateau)를 형성하는 특징을 지니고 있다. 이런 장점으로 실제 리튬이온 이차전지에서 흑연 분말에 실리콘 분말을 소량 혼합한 음극활물질이 시도되고 있다.

반면에 금속인 주석(Sn)의 경우 전자전도성이 우수한 재료이기 때문에 전해질과 접촉하고 있는 전극의 전 표면에서 리튬과 반응이 발생할 수 있다. 주석의 경우 리튬이 삽입되면서 결정구조가 변하게 되며 새로운 결정구조로 전이되는 것이 보고되었다. 주석은 충전하는 과정에서 리튬과 합금을 형성하면서 부피가 증가하게 되고, 방전 과정에서 리튬이 빠져나가며 부피가 감소할 때 주석 결정 입자 표면에 균열이 발생하게 되고 균열에서는 다시 부동태인 SEI(solid electrolyte interface) 막이 형성되는 과정을 반복하게 된다. 이때 균열이 반복되면 주석 결정 입자가 잘게 갈라지면서 표면에 전자 전달을 방해하는 SEI 막이 생성된다. 이와 같은 과정이 반복되면 전자의 전달이 발생할 수 없는 '죽은 입자(dead particle)'가 생성되면서 용량의 감소가 발생한다. 또한 동시에 표면에 SEI의 생성이 계속되어 전극의 저항이 계속 증가할 뿐만 아니라 사이클의 진행 중에도 계속 전해액 분해가 발생하여 비가역 반응을 발생시키며 양극과의 균형이 깨어지면서 저장된 에너지를 사용할 수 없게 되어 용량의 퇴화를 가져온다. 또한 활물질의 부피 감소 시에 입자의 깨어짐뿐만 아니라 활물질 전체가 집전체인 구리 포일 및 이에 연결된 도전재인 카본블랙 등에서 떨어져 나가거나 접촉이 나빠지면서 전자 전달의 경로가 붕괴되어 저항이 급격히 증가하게 된다.

이에 전체적인 부피 변화를 억제하고 입자의 갈라짐도 완화하기 위하여 나노미터 크기의 주석 분말을 사용하거나 다른 물질과 나노복합재(nanocomposite)를 적용하여 성능의 개선을 가져올 수 있다. 그러나 주석은 낮은 융점으로 상대적으로 소결 현상이 쉽게 일어나는 특성이 있어 충·방전이 진행되어 부피가 증가하는 경우 작은 분말 입자들이 뭉쳐지면서 응집되어 큰 분말 입자로 성장하게 된다. 결국 다시 입자의 균열이나 접촉 불량이 발생하게 되어 요구되는 수준의 수명을 발현하지 못하고 다시 퇴화하기 때문에 아직은 한계점을 지니고 있다.

이같이 충·방전 중의 큰 부피 변화를 보이는 합금계 음극활물질의 활용을 위해서는 부피 변화를 억제하는 방안 또는 부피 변화의 발생에도 전극의 퇴화를 억제하는 방안이 필요하다. 이러한 방안으로 합금계 물질 입자의 크기를 최소화하는 방법이 있다. 주로 나노미터 크기의 분말 입자의 형태로 제조하거나, 탄소나 이종 금속 등의 다른 물질과의 복합재료를 제조하는 방법을 사용하고 있다. 이밖에도 합금계 활물질의 표면을 전도성 물질 등으로 코팅하는 방법과 합금계 산화물이나 금속간화합물(intermetallic compound)을 적용하여 합금계 활물질과 다른 이종 원소와의 화합물을 사용하여 부피 변화를 상대적으로 감소시키며, 응력이 집중되는 것을 막는 방안도 사용되고 있다. 그리고 전극 제조 시에 결착력이 높은 바인더, 탄성이 우수한 바인더, 또는 경직된 특성을 갖는 바인더를 적용함으로써 부피 변화에 대한 저항성을 증가시켜서 사이클 성능을 개선하는 방안 등이 다양하게 연구되어 오고 있다.

21

기타 음극활물질

여태까지 검토되었거나 검토되고 있는 기타 음극활물질로 산화물과 질화물 및 인화물이 있다.

1995년 Fuji Photofilm 회사는 ATCO(amorphous tin-based composite oxide)라 명명된 주석 산화물을 이용한 음극활물질을 제안하였다. 이 물질은 SnM_xO_y(M : 유리화 원소, vitrifying element인 B(3가), P(5가), As(3가))로 리튬과 반응하는 장소(site)인 Sn(2가) 이온 주위를 -M-O- network가 둘러싸고 있어 이들이 리튬 이온을 전달하면서 구조적인 안정성을 제공하게 된다고 보고하고 있다. 가역 용량은 흑연보다 약 2배인 600mAh/g으로 나타났다. 이때부터,

Sn 혹은 Sn의 합금을 이용한 음극활물질 연구가 폭발적으로 이루어졌는데, 초기 연구는 여러 가지 결정성 혹은 무정형의 Sn 화합물에 초점이 맞추어졌다. SnO 또는 SnO_2는 첫 충전 시 Li_2O가 생성되면서 Sn(2가) 또는 Sn(4가) 이온이 Sn으로 환원되는 비가역 반응이 일어난 후, Sn이 다시 리튬과 가역적인 합금 반응을 하게 된다. 주석 산화물은 리튬이 삽입되면서 Li-Sn의 합금이 형성되고 동시에 생성되는 Li_2O는 Li-Sn 합금의 matrix로 작용하여 활물질인 Sn을 잡아주는 접착제 같은 역할을 해서 사이클 특성이 향상된다.

리튬 이온이 활물질 내로 삽입되는 2성분 산화물(binary oxide) 중에서 특히 나노미터 크기를 갖는 아나타제(anatase) 구조를 지닌 TiO_2가 한때 차세대 음극활물질로서 주목을 받았다. 리튬 이온의 층간 삽입(intercalation) 반응은 TiO_2와 가까운 Li-poor phase와 $Li_{0.5}TiO_2$와 유사한 Li-rich phase 사이에서 2상에 걸친 반응으로 일어나게 되어 매우 평평한 전위 평탄부(plateau)를 갖게 된다. 그러나 이 물질의 가장 큰 문제점은 평탄 전위가 너무 높은 1.8V인 이유로 인해 높은 산화환원 전위의 양극활물질과 함께 사용하지 않으면 전지의 전압이 너무 낮아서 에너지가 감소하는 한계를 지니고 있다.

한편으로 1.5V의 산화·환원 전위를 갖고 100 사이클 이상 동안 150mAh/g의 용량을 유지할 수 있는 스피넬 구조의 $Li_4Ti_5O_{12}$

가 음극활물질로 보고되었다. 반응전압이 리튬의 환원·전위 대비하여 대략 1.5V를 보이는 $Li_4Ti_5O_{12}$는 스피넬 구조를 지니는 산화물로써 3개의 Li가 반응하여 $Li_7Ti_5O_{12}$를 형성하게 되어 이론 용량이 175mAh/g 수준이다. 이는 흑연계 재료의 절반 수준으로 낮은 용량이지만 원재료의 밀도가 3.5g/cc로 높아서, 부피당의 용량은 흑연계 재료의 75% 수준에 달한다. 또한 초기효율(coulombic efficiency)이 90% 수준인 흑연계 재료나 85% 이하인 비정질 탄소계에 비하면 $Li_4Ti_5O_{12}$는 95% 이상으로 월등히 높다. 즉 용량도 높을 뿐만 아니라 양극활물질의 사용량도 감소시킬 수 있어서 전지 전체의 비용량을 높이는 것이 가능하다. 또한 1.5V에서 지속적인 평탄부(plateau)를 지니면서 용량을 발현하기 때문에 전지 제조 시에 안정적인 전압의 공급이 가능하다.

$Li_4Ti_5O_{12}$의 장점은 반응전압이 탄소계 재료에 비하여 높은 점이다. 음극의 작동 전압이 전해액 분해가 시작되는 1.2V(vs. Li/Li+)보다 높아서 전해액의 분해가 억제되어 높은 초기효율, 우수한 고온저장 특성, 자가 방전(self-discharge)이 낮은 특성을 갖는다. 또한 활물질 입자 표면에서 전해액 분해에 의한 부반응이 거의 없으므로 입자를 매우 작게 만들어도 초기효율의 저하가 거의 없어 음극임에도 불구하고 나노입자의 사용이 가능하여 Li의 확산 거리를 줄여줄 수 있으므로 속도 특성을 높일 수 있다. 또한 합금계 음극에서 심각한 문제점이며 탄소계 재료에서도 문제가 되는 충·방전 중의 부피

변화가 발생하지 않는 물질이므로 장기적인 사이클에서 큰 강점을 갖는다. 또한 리튬과 티타늄은 모두 자연계에서 충분히 존재하는 원소이며 공기 중에서 쉽게 합성이 되어 원재료 가격이나 공정비에서도 충분한 장점을 보인다. 그리고 전지가 과충전, 고온 등의 이상 조건에 노출될 경우, 탄소 재료와는 달리 SEI가 분해되면서 발생하는 발열도 매우 작고, 산화물 구조이기 때문에 탄소와 같은 재료보다 발화되기 어려우므로 전지의 안전성에도 장점을 갖고 있다.

이밖에 전이금속 산화물을 음극으로 사용하는 경우로 $\alpha-Fe_2O_3$ 또는 Co_3O_4가 리튬과 반응하여 Fe, Co 금속으로 환원되고 Li_2O가 생성되는 전기화학 반응이 가역적으로 일어나는 것에 대해서 보고된 바 있다. 최근에는 리튬과 전기화학적으로 반응하여 700mAh/g의 가역 용량과 100 사이클 후에도 100% 사이클 효율을 보이는 Co_3O_4, CoO, FeO, NiO, Cu_2O 등의 전이금속산화물 나노 입자에 대해서도 보고되고 있다. 이들 물질이 기존의 전극 재료와 다른 점은 다음과 같이 Li_2O가 가역적으로 반응하면서 용량을 발현하는 점이다.

$$CoO + 2Li \leftrightarrow Li_2O + Co$$

이러한 특이한 현상은 Li_2O 내에 코발트(Co)의 극미세 나노입자가 형성됨으로써 반응성이 증가되는 이유로 해석되고 있다. 그러나 방전 시의 전압이 리튬 금속에 대하여 2V 부근으로 매우 높아서 아직 실제 적용에는 많은 문제점을 지니고 있다.

이외에 금속 질화물 음극활물질로 Li_xM_yN(M = Co, Ni, Cu)가 제안되었으며, $Li_{2.6-x}M_{0.4}N$(M = Co, Fe)을 연구하여 코발트가 작동 전압 1V 부근에서 600mAh/g의 용량을 긴 사이클 동안 일정하게 유지함을 보였다. 문제는 작동 전압이 1V 정도로 높다는 점이 지적되었다. 또한 질화물, 인화물계 음극재의 경우 합성의 어려움, 수분 취약성, 장기적인 수명 등이 아직 충분히 보장되어 있지 않은 부분들이 지적되고 있다. $Li_{2.6-x}Co_{0.4}N$과 Sb, $SnSb_{0.4}$, Si, SiO 등의 리튬 합금을 나노미터 크기로 복합화함에 따라 사이클 특성이 높은 800mAh/g의 음극활물질도 개발되었다.

인화물 음극활물질로 CoP_3 화합물이 리튬과 반응하여 Li_3P가 생성되고 487mAh/g의 가역 용량을 보임이 보고되었다. 한편, 리튬이 MnP_4에서 Li_7MnP_4까지 결정형을 유지한 채로 반응하는 이전과는 완전히 다른 메커니즘의 MnP_4가 보고되었다. $Li_{2.6-x}M_{0.4}N$(M = Co, Fe) 외에 지그재그 층 구조인 MnP_2, FeP_2 등의 인화물을 만들었는데, FeP_2는 실제로 0.25C 전류의 방전에서 1,300mAh/g의 용량을 나타내었다. 이때 평균 작동 전압은 리튬 전극으로 1.2V였다. Li_xFeP_2의 충·방전 곡선은 방전전압이 1V 정도로 높지만, 초기 비가역 용량이 적고 충·방전 용량은 매우 크며 곡선의 평탄성도 좋다고 알려져 있다.

22

유기 액체 전해질

전해질은 내부에 있는 이온에 의해 전하 이동이 가능한 매체를 말한다. 전지 내부의 양극과 음극 사이에서 이온의 형태로 전하를 전달하는 매개물로 보통은 염(salt)이 용해된 액체상이다. 전지가 작동하는 온도에서 이온전도성을 갖는 고체 전해질(solid electrolyte)도 존재한다. 리튬이온 이차전지는 통상 4.1~4.2V의 동작 전압이 상한으로 설계되어 있다. 이같이 높은 전압에서는 수용액이 전기분해를 일으키기 때문에 수용액을 전해액으로 사용할 수 없다. 이 때문에 리튬이온 이차전지는 대개 유기 전해액이라는 액체를 사용한다. 여기서 유기 전해질은 유기 용매에 리튬 염을 용질로써 용해한 이온전도체이다. 유기 용매 및 리튬 염의 종류는 매우 많지만, 리튬

이온 이차전지에 사용할 수 있는 재료는 매우 제한되어 있고 실용적으로 여러 가지 조건이 요구된다.

리튬이온 이차전지에서 전해질의 주요 기능으로 높은 이온전도성을 지니고 있어 양극과 음극으로의 이온 전달 경로 역할을 하며, 전극의 표면, 특히 음극 표면에서 안정한 SEI(solid electrolyte interphase) 막을 생성시켜서 추가적인 전해액의 분해를 억제할 수 있어야 한다. 먼저 전해질이 가져야 할 가장 기본적인 특성은 우수한 이온전도성이다. 특히 리튬 이온의 전도도가 우수해야 한다. 그리고 전극에 대한 화학적·전기화학적 안정성이 높아야 하며 사용 가능한 온도 영역도 넓어야 한다. 또한 미세구조의 전극과 친화력이 우수하여 좋은 젖음성(wettability)도 가지고 있어야 한다. 또한, 안전성이 보장되어야 하며 가격도 저렴해야 유리하다.

전해질에서 유기 용매를 선택하는 데 있어서 가장 중요한 점은 양극과 음극의 전극에 대하여 화학적으로 안정해야 한다는 것이다. 열역학적으로 리튬에 대하여 안정한 용매는 존재하지 않는다고 알려져 있다. 리튬이온 이차전지에 사용 가능한 유기 용매는 수소 이온을 공여하는 능력이 없는 비프로톤성(aprotonic) 용매로 제한되어 있다. 또한 리튬이 물과 반응성이 매우 크기 때문에 리튬이온 이차전지에서는 수용액이 아닌 리튬 염을 유기 용매에 용해시킨 시스템이 주로 사용되고 있다. 전해질은 일반적으로 초기 반응 시에 분해되어 음극 재료의 표면에 부동태 막인 SEI를 형성하게 된다. 이온전도성은 가지지만 전자전도성은 없어서 일단 SEI가 생성되면 더 이상의 전해질 분해반응은 일어나지 않게 된다.

전해질의 전기전도도는 전하를 운반하는 이온의 전하 숫자인 농도(concentration)와 그 이동도(mobility)에 비례한다. 즉, 전기전도도는 해리된 자유 이온수가 많고 또 이들 이온의 이동이 빠를수록 높다. 전해질의 이온전도도를 높이기 위해서는 우선 리튬 이온의 해리가 쉬워서 자유 이온의 수가 많아야 하므로, 유기 용매 내에서 쉽게 해리될 수 있게 거대 음이온을 가진 리튬 염을 사용한다. 리튬 염의 용해 과정에서는 완전한 이온의 해리를 고려하지만 실제로는 해리되지 않고 전기전도성에 기여하지 않는 이온쌍(ion pair)이 존재한다. 용질의 회합정수는 이온의 최근접 거리가 클수록 작아지니까 리튬 염의 음이온이 커질수록 이온의 회합은 작아지게 되어 해리가 쉽게 된다. 한편 이온의 반경이 작은 이온일수록 이동도는 높아진다. 또한 일반적으로 전해질 용액의 점도는 용질의 농도가 증가함에 따라 증가하나 음이온이 큰 리튬 염일수록 점도가 더욱 높아지는 경향이 있다. $LiPF_6$, $LiClO_4$, $LiBF_4$, $LiAsF_6$ 등이 그러한 리튬 염이다. 또한, 유기 용매의 유전율이 높아야 염의 해리를 증가시킬 수 있지만, 유기 용매의 점도가 낮아야 해리가 된 리튬 이온의 이동을 원활히 할 수 있다. 그러나 유기 용매 중에 두 조건을 동시에 만족하는 용매는 없어서, PC(propylene carbonate)나 EC(ethylene carbonate)와 같이 유전율이 높은 용매에, DMC(dimethylcarbonate), DEC (diethylcarbonate), DME (1,2-dimethoxyethane) 등과 같이 점도가 낮은 용매를 혼합한 용매를 사용하고 있다. 그러나 이온전도도만 높다고 해서 모두 전해질로 사용할 수는 없다. 흑연질 재료를 음극으로 사용하였을 때 PC를 사용하게 되면 충전 시 흑연의 표면에서 분해된다.

다시 정리하면 전해액은 유기 용매와 리튬 염의 혼합 용액이다. 액체 전해질의 이온전도도를 최적화하기 위해서는 기본적으로 액체 용매의 유전상수와 점도를 고려해야 한다. 그러나 특성이 우수한 전해액을 만드는 것은 화학 원리보다는 실험 결과와 경험에 의존하는 경우가 많다. 예를 들어, EC(ethylene carbonate)는 흑연 표면에서 보호층을 형성하여 전해질의 환원과 자가방전(self-discharge)을 억제한다.

리튬 염으로 다양한 종류가 개발되었으나 현재 상용화된 전지에 사용되고 있는 것은 $LiPF_6$ 염으로 1M 농도 부근으로 사용하고 있다. 일반적으로 유기 용매에는 리튬 염이 잘 용해되지 않기 때문에 용해도가 높고 크기가 큰 음이온과 리튬 양이온의 조합이 연구되었으며, 그중에서 $LiPF_6$가 여러 가지 측면에서 가장 무난한 특성을 나타내고 있어 널리 사용되고 있다. 리튬 염의 농도를 높일수록 이온종의 수가 늘어나기 때문에 전도도가 상승하지만, 농도가 높아질수록 전해액의 점도가 증가하여 이동도가 감소하여 오히려 전도도도 감소할 뿐만 아니라 전극과의 젖음성도 저해되기 때문에 일반적으로 1M 정도의 농도를 사용하고 있으며 용도에 따라 0.7~1.5M 농도에서 적용되고 있다.

그러나 $LiPF_6$, $LiBF_4$ 등과 같이 F를 포함하고 있는 염들은 분해 시에 HF를 생성시키게 되어 HF가 양극활물질을 용출시키고 전극 표면에 부동태 막을 형성시켜서 저항을 증가시키는 부작용을 가지고 있다. 특히 $LiMn_2O_4$와 같은 스피넬 계 망간 산화물의 경우에는 Mn의 용출이 성능 퇴화의 주요 원인이기 때문에 F를 함유하고 있지 않은 LiBoB[Lithium Bis(Oxalato)Borate] 전해액을 적용하는 경우 수명이 크게 향상됨이 보고되었다. 그러나 LiBoB의 경우 낮은 산화 안정성 및 높은 점도, 제조 비용 등의 문제로 널리 사용되고 있지는 않은 실정이다.

현재 상용화된 전해질은 유전율을 부여하여 리튬 염을 녹이기 위한 고리형 구조를 지니는 EC에 점도를 낮추기 위한 사슬형 구조를 지니는 DEC, DMC, EMC 등을 3:7~7:3 정도의 비율로 혼합하여 사용하는 것이 일반적이다. 카보네이트계 용매가 고전위에서 안정할 뿐만 아니라 EC의 경우 탄소계 표면의 피막 형성에 도움을 주기 때문이다. 유전율을 부여하기 위해서는 PC도 가능하나 현재 상용화된 음극 재료의 대부분은 흑연계이기 때문에 PC는 대부분 사용되지 않으나, 소량 혼합하여 사용되기도 한다.

전해액이 기본적인 반응을 수행하기 위한 이온전도도 및 점도, 열적 안정성 등이 완료되어도 리튬이차 이차전지에서는 필수적으로 요구되는 사항이 바로 안정한 SEI의 형성 여부이다. 전지 성능 퇴화의 주요인이 바로 음극에서 지속적으로 발생하는 전해액 분해에 의한 비가역 반응이다. 따라서 안정한 SEI가 생성될수록 더 우수한 전지 성능을 구현할 수 있다. 전해액에서는 EC를 사용하는 경우 우수한 SEI를 생성시킨다는 보고가 있었으나 더욱 얇고 튼튼한 SEI를 만들기 위해서는 첨가제(additive)를 사용하게 된다. 그중에서 대표적인 것들이 VC(vinylene carbonate), VEC(vinyl ethylene carbonate), ES(ethylene sulfite), FEC(fluorinated ethylene carbonate) 등이다. 이와 같은 첨가제들은 EC보다 먼저 분해되거나 또한 동시에 분해되어 EC의 분해물이 중심으로 만들어지는 피막보다 더욱 튼튼하고 안정한 피막을 형성하게 되어 사이클 수명이나 저장 수명을 증가시키는 효과가 있다고 알려져 있다.

전극-전해질 계면에서 작용하는 표면화학은 전지의 수명에 있어 결정적으로 중요하다. 리튬과 탄소계 음극의 표면에 생기는 SEI 막은 오랫동안 연구되었으나 그 조성과 특성은 아직도 완전하게 이해되고 있지 않다. 양극의 표면에서는 전해질의 산화가 일어날 수 있으며 양극 재료가 촉매로 작용하면서 전해질의 분해를 촉진할 수도 있다. 따라서 전극 활물질 표면을 유기질 혹은 무기질의 상으로 코팅하여 전해질의 분해 현상을 억제하기 위한 노력이 많이 진행되었고, 특히 고온 및 고전압의 상황에서는 놀랄만한 성과들이 보고되고 있다.

음극의 표면에서 생성되는 SEI는 전해액이 환원되면서 분해되기 때문에 발생하는 것이고 이때 생성된 SEI 부동태 막이 추가적인 전해액 분해를 억제한다. SEI가 붕괴되면 새로운 표면이 노출되고, 다시 탄소 내에 저장되어 있는 리튬에 의하여 전해액이 분해되기 때문에 음극의 자가방전으로 인한 용량 손실과 저항 증가를 가져온다. 음극에서만 리튬이 소모되기 때문에 양극과 음극 간의 균형이 틀어지면서 양극에서도 용량을 제대로 사용할 수 없어서 전지의 가역 용량을 감소시키는 문제점을 지니고 있다. 따라서, 고온 저장 시에도 전극의 부피 변화를 가져오는 충·방전 사이클 중에도 안정한 형태의 SEI를 형성시키는 것은 전지의 수명 측면에서 매우 중요한 이슈이다. 더욱이 전기자동차용 전지는 10년 이상의 수명이 요구되어 전지의 수명에 관심이 더욱 집중되고 있으므로 SEI에 대한 연구 및 개선은 리튬이온 이차전지에 있어서 매우 주요한 개선과제라 할 수 있다.

전지 개발에 있어서 전극-전해질 계면의 특성을 이해하고 조절하여 새로운 고체-고체 혹은 고체-액체 계면을 설계하는 것은 매우 중요하다. 그러나 최근까지의 문제점은 전극-전해질 계면을 미시적으로 관찰할 수 있는 방법이 없었다는 점이다. 또한 전지가 사용되는 조건에서 계면을 관찰하는 것이 아니고 전지를 분해하여 관찰함으로서 중요한 정보들을 놓친 경우가 많았다. 최근에 전지 기술의 발달로 전지의 분해 없이 사용 조건에서 in-situ로 분석 가능한 장비들이 증가하면서 계면의 특성에 대한 이해가 점차 높아지고 있다.

23

고분자 전해질

고분자 전해질은 고체 고분자 전해질(solid polymer electrolyte)과 젤 고분자 전해질(gel-type polymer electrolyte)로 분류할 수 있다. 1973년 PEO(polyethylene oxide)가 알칼리 금속염을 해리시킬 수 있다는 사실이 최초로 보고되고, 고분자를 전해질로 이용한 리튬이온 이차전지가 제안되면서 고분자 전해질이 주목받기 시작하였다.

고분자 전해질은 박막화가 쉽고 전해액의 보존성 및 생산성이 우수하며 형상을 자유롭게 할 수 있고, 안전성이 비교적 높다는 장점을 갖고 있다. 고체 고분자 전해질은 액체의 누출 현상이 없어 안전하다. 현재는 낮은 전도도로 인하여 80℃ 정도의 고온에서만 사용할 수 있다. 상온의 전자제품에서 사용하기 위하여 전도도를 높이는 것이 꼭 필요하다. 이온전도도가 높은 고분자 전해질을 만들기 위해서는 전기화학적 안정 범위가 넓고 고분자 용매와 낮은 온도에서 공융(eutectic)할 수 있는 리튬 염이 요구된다. 이온전도도를 높이기 위해서는 이온의 해리와 이동 특성에 대한 이해가 필요하다. 또한 고분자-리튬 염의 상호작용과 농도가 높은 전해질 용액의 구조를 이해하는 것이 필요하다. 대표적인 고분자 용매는 PEO이다. 현재까지 개발된 고체 고분자 전해질의 이온전도도는 상온에서 전지를 사용할 수 있을 만큼 높지 않다, 고체 고분자 전해질의 이온전도도가 높지 않기 때문에 가소제를 첨가한 하이브리드 고분자 전해질이 개발되었다. 가소제로는 액체 전해질에 사용되는 극성 용매 등이 사용된다. 10~25%의 가소제를 첨가할 때 전해질의 전도도는 10배 이상으로 증가하며, 리튬 금속 전지에 사용될 수 있다.

한편 액체 전해질을 60~95% 함유하는 고분자 겔은 전도도가 매우 높아 액체 전해질에 비하여 단지 2~5배 낮은 정도이며, 리튬이온 이차전지에 사용된다. Al_2O_3 혹은 TiO_2 등의 나노입자들을 PEO에 첨가할 때 60~80℃에서 전도도가 수 배 증가하며 상온에서 결정화를 억제한다. 또한 리튬의 이동수는 0.3에서 0.6으로 증가하며, 전해질-리튬의 계면을 안정화하고 저항을 낮춘다. 현재 이 시스템이 많은 주목을 받고 있는데 이론적 및 실용적 연구가 활발히 진행되고 있으나 순수한 고체 고분자 전해질보다는 고분자에 유기 용매와 염이 함침된 형태인 겔형 고분자 전해질이 상용화되고 있다.

겔 고분자 전해질은 현재 상용화되어 점차 그 사용량이 증가하고 있다. 겔 고분자 전해질은 고분자를 전해액과 혼합하면 겔 상으로 굳어져, 유동성 있는 전해액이 존재하지 않게 되는 형태를 사용한다. 이 경우에 누액의 우려가 없게 되어 신뢰성 및 안전성이 비약적으로 향상되며, 유기 용매의 증발에 의한 내압의 상승도 없어져서 견고한 금속 케이스를 사용할 필요가 없고, 얇은 알루미늄 박막을 플라스틱 필름으로 끼운 복합 라미네이트 필름인 파우치를 전지 케이스로 사용할 수 있다. 그 결과 가볍고 얇으며 형상의 자유도가 높은 전지의 실현이 가능하다. 형태적으로 액체와 같은 유동성이 있는 것부터 확실한 형상의 고체 상태까지 다양하며, 그 구성은 고분자 기지(matrix)/유기 용매/리튬 염으로 이루어져서 유기 용매와 염을 고분자에 혼합한 하이브리드 겔을 형성한다.

사용되고 있는 고분자는 PAN-PVA 계, PMMA 계, PVP 계, PEO 가교형, PVdF-HFP 계, PVC 계 등이 있다. 여기서 각 화합물 약어의 원어는 다음과 같다. PAN(polyacrylonitrile), PVA(polyvinyl alcohol), PMMA(polymethylmethacrylate), PVP(polyvinylpyrrolidone), PEO(polyethylene oxide), PVdF(polyvinylidene fluoride), HFP(hexafluoropropylene),

PVC(polyvinyl chloride). 유기 용매와 염은 일반적인 액체 전해액에 사용하는 것과 거의 같게 사용되고 있다. 높은 부하 특성과 온도 특성을 실현하기 위해서는 겔의 이온전도도와 온도 의존성이 작은 게 유리하며, 저온에서의 특성을 향상하기 위해 용매의 선택도 중요하고, 전극과의 계면 저항도 중요하므로 여러 가지를 고려해서 전해액을 선정해야 한다.

이러한 겔 고분자 전해질은 크게 물리 가교 겔 고분자 전해질과 화학 가교 겔 고분자 전해질로 구분할 수 있다. 물리 가교 겔 고분자 전해질은 반 데르 발스(Van der Waals) 힘 같은 물리적인 결합으로 이루어진 물리 가교에 의하여 고분자가 형상을 유지하며 그 틈새에 리튬 염과 가소제 역할을 하는 유기 용매를 함침한 것이다. 외관상으로 각형 전지와 유사한 구조를 지니고 있으며 사용되는 대표적인 고분자로는 PEO, PAN, PVdF, PMMA 등이 있다. 화학 가교 겔 고분자 전해질은 화학결합으로 된 네트워크를 형성하여 형상을 유지하는 고분자 전해질로 가열이나 시간 경과로 겔 구조가 변화하기 어려운 특성이 있어 장기간 안정성이 높다. 고분자 전구체를 용해하여 전지 내에 함침시킨 후 열 중합하여 전지 내부의 전해질을 완전히 균일한 겔 상으로 형성시킨다. 이 방법은 중합 시에 전지 내부에서 고르게 중합시킬 수 있는지가 핵심적인 기술이라 할 수 있다.

24
분리막

분리막은 양극과 음극을 전기적으로 절연시키고 전지의 자가 방전을 방지함과 동시에 전해액을 보존하는 역할을 맡고 있다. 분리막은 격리막, 격막, 또는 격리판으로도 불리며, 영어로 세퍼레이터(separator)라고 한다. 분리막은 보통 기공이 많이 열려 있는 다공성의 폴리머 필름의 형태이다. 과거에는 두께가 8~30μm(마이크로미터) 정도의 고분자 막이 사용되었는데, 현재는 16~20μm 두께가 가장 많이 사용되고 있다. 분리막의 두께가 얇을수록 에너지 밀도를 높일 수 있으며, 양극과 음극의 거리가 가까워서 저항이 줄어들게 되므로 출력 및 속도 특성을 높이게 된다. 그러나 분리막이 얇아질수록 내부 단락의 위험성이 높아지고, 제조 시 불량률도 증가하게 되고, 더욱이 외부 충격 시에 쉽게 내부 단락이 발생할 우려가 존재하여 안전사고 발생 가능성이 있다. 과거에는 높은 에너지 밀도를 위하여 계속 얇은 분리막을 고려해 왔으나 최근에는 오히려 일정 수준 이상의 두께를 지녀서 충분한 기계적 강도와 안전성을 확보하는 것을 선호하고 있다.

분리막은 기공의 형태와 제조 방법 등에 따라서 여러 가지 종류로 구분할 수 있다. 부직포(nonwoven)의 형태나 미세 다공(microporous) 형태의 분리막이 지금까지 개발되었다. 전지 내에서 사용되는 경우 어느 정도 기계적 강도와 막의 높은 균일성 확보가 요구되기 때문에 미세 다공형 분리막이 주로 사용되고 있다. 충분한 이온전도성을 가지지 못한다면 전지의 저항이 커지고 전지 성능을 열화시키는 원인이 된다. 특히 높은 전류로 방전을 하는 경우 큰 문제가 된다. 절연성 자체를 고려하면 막이 치밀할수록 유리하다. 한편 이온전도성을 고려하면 전해액을 많이 포함할 수 있는 공극이 많은 구조가 바람직하다. 결과적으로 이 두 가지를 고려하여 실용 분리막의 구조가 결정된다. 분리막의 특성으로는 전해액의 침투도, 기공율, 기공 크기, 막 두께, 화학조성, 열적 안정성, 기계적 강도 등을 들고 있다. 어떤 분리막이든 전해액을 함침한 상태에서 0.1 S/cm 정도의 전도도를 갖고 있다. 적어도 이 정도의 이온전도성을 확보하지 못한다면 전지에 사용할 수 없다. 또한 전지 제작을 고려한다면 충분한 기계적 강도를 가지고 있어야 한다.

분리막의 재료로 과거에는 PET(polyethylene terephthalate), PVdF(polyvinylidene fluoride), PAN(polyacrylonitrile), aramid, polyester, glass, cellulose 등이 사용되었으나, 리튬이온 이차전지용으로는 주로 폴리에틸렌(PE), 폴리프로필렌(PP) 등의 폴리 올레핀계 수지의 미세 다공막이 사용되고 있다. 이러한 폴리 올레핀계 물질은 전기화학적으로 안정하고 전지의 구성 요소들에 대하여 화학적으로 안정하다. 또한 이들은 다공성 구조로 제조가 쉬우며, 기계적 강도, 용융점, 가격 등을 고려하였을 때 가장 적합하다.

분리막의 제조 방법으로는 건식과 습식으로 구분되며, 습식은 주로 폴리에틸렌(PE)을 사용하여 제조하고 있고, 건식은 폴리프로필렌(PP)을 주로 사용하거나 PP/PE/PP의 삼겹막(tri-layer)을 사용하고 있다. 건식 방법은 일정하게 부분적인 결정성을 지닌 고분자 막을 제조 후에 잡아당겨서 기공을 제조하는 것이며, 습식 방법은 고분자를 녹인 후 용매를 제거하여 기공을 제조하고 연신(延伸)하여 제조하는 방식이다.

분리막은 양극과 음극을 분리하여 직접 접촉하지 않도록 하는 게 주요한 역할이지만, 리튬이온 이차전지에서는 분리막이 단순히 양극과 음극을 분리하는 것만이 아니라 안정성 향상의 역할도 하게 된다. 전지에서 합선이 발생하게 되면 수십 암페어에 달하는 큰 전류가 순간적으로 흐르게 되며 주울(joule) 열에 의해 전지 온도가 급

상승한다. 열가소성 수지계의 다공막을 분리막으로 사용할 경우, 수지의 용융점에 전지 온도가 도달하면 분리막이 녹아 기공이 막혀 절연 필름으로 동작하게 된다. 이것을 봉공 또는 셧다운(shutdown)이라 부르며, 이와 같은 상태가 되면 이온이 분리막을 통과하지 못해서 쇼트에 의한 전류가 흐르지 않게 되어 전지 온도의 상승이 멈추게 된다.

폴리에틸렌(PE) 분리막은 화학적/전기화학적 안전성이 있으며, 융점이 130℃ 부근으로 일반적인 사용 환경에서 안정하며, 가공이 쉽고, 비이상적인 고온에 노출될 경우 120℃ 부근에서 고분자가 녹기 시작하면서 분리막의 기공을 차단하여 전류의 흐름을 억제하여 추가적인 온도 상승을 막을 수 있다. 그러나 융점보다 더욱 높은 온도까지 올라가게 되면 분리막이 완전히 녹아서 절연 기능을 제공하지 못하고 양극과 음극이 직접 접촉하여 문제를 일으키게 된다.

폴리프로필렌(PP) 분리막은 전반적인 물성은 폴리에틸렌(PE)과 유사하지만, 융점이 150℃ 부근으로 PE보다 높아서 조금 더 높은 온도까지 분리막의 기능을 수행할 수 있는 장점을 갖고 있다. PP는 전기화학적 안정성이 PE보다 커서, 고온/고전압 장기 노출 시에는 PE는 분해되나 PP는 안정할 수 있다. 건식 분리막을 제조하는 일부 회사는 PP 단겹막보다는 PP/PE/PP 형태의 삼겹막(tri-layer)을 생산하고 있다. 이는 130℃에서 PE 층이 녹아서 기공을 막는 셧다운

(shut-down)이 발생하면서도, 150℃까지는 PP의 용융이 발생하지 않기 때문에 전극 간의 내부 단락은 억제할 수 있는 상점을 갖고 있기 때문이다.

그러나 대형 전지에서는 전극 면적이 크기 때문에 분리막 전체 면적에서 이러한 셧다운을 한꺼번에 일어나게 할 수 없다. 그뿐만 아니라 폐쇄되지 않고 아직 분리막으로서 기능하고 있는 부분에 전류가 집중하게 되어, 그 부분의 온도가 상승하여 막의 파단(breakdown)이 일어나 단락(dead short)을 일으킬 수도 있다. 따라서 대형 전지에서는 셧다운을 기대하여 융점이 낮은 재질을 분리막으로 사용하기보다는 내열성이 높은 분리막을 사용하는 것이 바람직하다고 보는 견해가 있어 폴리 올레핀계보다 내열성이 높은 PET 등의 수지를 활용하여 부직포 형태의 분리막을 후보군으로 고려하고 있다.

또한 극단의 사태에 이르러 결국 열에 의해 변형될 수밖에 없게 되면 기계적인 강도가 약한 유기물 대신에 무기물을 이용한 분리막이 안전성을 더욱 확보하여 줄 수 있어서, Al_2O_3, SiO_2 등의 세라믹 분말을 유기 분리막 위에 코팅하거나 복합화하여 더욱 우수한 기계적 강도와 열적 안정성을 확보하고자 하는 연구들이 진행되고 있으며, 상당수는 이미 상용화되어 적용되고 있다.

25

기타 전지 소재 및 부품

　전지를 만드는데 중요한 기타 부품으로 전지의 동작에는 능동적으로 작용하지는 않지만, 전지 포장재(케이스), 집전체, 안전장치 등을 들 수 있다. 먼저 전지를 외부 환경과 분리해 주는 케이스에 대해 살펴본다. 이미 전지의 외형을 설명할 때 설명된 내용이다. 전지의 케이스로 가장 많이 쓰이는 재료는 강판(steel sheet)이다, 강판은 내부의 전지를 보호할 수 있는 충분한 강도를 갖고 있고 또한 가공성, 가격 등에서 큰 장점을 갖고 있다. 외부환경에 강하고 표면이 미려한 스테인리스 강판이 있지만, 이 경우 가격이 올라가므로 보통 표면처리 된 탄소강으로 된 강판이면 충분하다. 상품화에는 외부 도색이나 부착 등이 필요하다. 강판 대신 알루미늄 포일로 파우치 형태로 전지를 감싸는 방법도 개발되었다. 이 경우도 전지를 여러 개 장착한 형태인 팩을 포장하기 위해서는 강판이 필요하다.

다음에 집전체(集電體, charge collector)는 활물질의 전기화학 반응으로 생성된 전자를 모으거나 전기화학 반응에 필요한 전자를 공급하는 역할을 한다. 집전체는 전기전도성이 우수하여야 하며 기계적인 성질도 우수해야 한다. 또한, 사용되는 전위에서 화학적 또는 전기화학적으로 안정해야 한다. 그리고 가격이 낮으며 용접(welding)이나 권취(winding) 등의 공정에 있어서 가공성이 좋고, 기계적 특성이 우수해야 한다. 보통 얇은 두께의 금속 포일을 집전체로 채용하고 있다. 현재 가격과 전도성의 측면으로는 알루미늄이 가장 우수한 값을 지니고 있고, 표면에 Al_2O_3 등의 안정한 부동태 피막을 형성할 수 있어, 화학적·전기화학적으로 안정한 특성을 갖는다.

리튬이온 이차전지의 음극 집전체로는 구리 포일(copper foil)을 사용하고 있는데 이는 알루미늄(Al) 금속이 낮은 전위에서 리튬 금속과 반응하여 합금을 형성하기 때문이다. 음극에서는 전자가 환원 전위에서 동작하므로 대부분 금속이 안정하지만, Sn, Al, Ag, Pb 등 일부 금속은 리튬과 합금화 반응이 일어나서 사용할 수 없다. 사용 가능한 집전체로는 전기전도도가 우수한 구리(Cu) 금속이 널리 사용되지만, 이외에도 니켈(Ni), 스테인리스강(SUS), 티타늄(Ti), 코발트(Co) 등 리튬과 쉽게 합금을 형성하지 않는 금속이 가능하다. 그러나 전기전도성, 기계적 가공성, 열적 안정성, 가격 등을 고려하여 구리(Cu)가 가장 우수한 물성을 지니고 있어서 구리 포일을 사용하고 있다.

반면에 리튬이온 이차전지의 양극 집전체로는 산화 전위에서 안정한 금속이 필요하다. 알루미늄(Al)은 산화에 대하여 열역학적으로 매우 불안정한 금속이지만, 그 표면에 안정한 알루미나(Al_2O_3) 산화 부동태 막을 형성시켜 더 이상의 산화를 억제하여 알루미늄 포일(aluminium foil)을 양극 집전체로 사용하고 있다. 더구나 알루미늄 금속은 비교적 낮은 가격, 높은 전기전도도, 가공성, 낮은 밀도 등을 가지고 있어 리튬이온 이차전지의 집전체로 사용하기에 매우 유용하다.

다음에 리튬이온 이차전지의 중요한 부품으로 안전장치를 살펴보자. 현재 리튬이온 이차전지의 경우 정상적인 환경에서 사용하면 문제가 없지만, 외부 충격으로 인한 전지 단락 및 비정상적인 과충전 등과 같은 특수한 상황에서 전지 온도가 상승하게 되면 발화점과 인화점이 비교적 낮은 유기 용매 및 반응성이 아주 높은 석출된 리튬 금속 등으로 인해 위험한 상황이 발생할 가능성이 있다. 이러한 상황을 방지하기 위해 충전기, 휴대기기, 전지 팩 내부 보호회로 및 전지 내부에 많은 안전장치를 두고 있고 제조 시 품질검사를 엄

격하게 실시하고 있다. 또한, 사용자의 오용이나 불가피한 사고에 대비하여 여러 가지 안전장치를 구비하고 있다.

리튬이온 이차전지 내부에는 PTC(positive temperature coefficient) 소자 및 안전변(safety vent)으로 구성된 CID(current interrupt device)가 있어 전지 온도 및 내압 상승 시 작동하여 전류를 차단하고 내부 가스를 바깥으로 배출해 줌으로써 전지를 안전하게 보호해 주는 역할을 한다.

먼저 PTC 소자는 온도가 어느 수준 이상이 되면 저항이 거의 무한대까지 커지게 되는 소자이다. PTC를 리튬이온 이차전지에 내장하게 되면 전지가 이상 고온으로 되었을 때 충·방전 전류를 정지시킬 수 있다. 또한, PTC 소자의 작동이 가역적이기 때문에 전류가 정지한 후 전지 온도가 내려가면 PTC 소자의 저항은 줄어들게 되어 다시 전지가 구동된다. 주로 사용되는 PTC 소자는 카본블랙과 온도가 상승해서 부피가 증가하면 열팽창이 가능한 고분자로 구성되어 있다. 온도가 상승하게 되면 PTC 소자 내의 고분자의 부피가 증가하게 되며 카본블랙으로 이루어진 전자 전달 경로가 끊어지면서 급격히 저항이 증가한다.

PTC 소자는 약 100℃에서 전지 저항이 무한대가 되도록 설정되어 있다. 이것은 분리막에서 발생하는 셧다운(shutdown) 온도보다 수십 도 정도 낮다. 따라서 이상 전류가 흐르면 우선 PTC 소자가 동작하여 온도 상승을 막게 되고, 이 소자만으로는 온도 상승이 중지되지 않게 되면 분리막의 셧다운이 일어나서 열 폭주(thermal run away)를 저지하는 2단계의 안전 기구로 이루어져 있다. PTC에서의 차단만으로 온도 상승이 억제되는 경우, PTC의 작용이 가역적인 과정이므로 전지의 재사용이 가능하지만, 분리막의 셧다운이 발생하면 해당 전지는 폐기될 수밖에 없다. PTC 소자는 구조상으로 원통형 전지에서 주로 이용되고 있다. 대형 전지에서는 큰 전류가 필요해서 이 PTC 소자를 사용할 수 없는 경우가 많다.

다음에 보통 리튬이온 이차전지에 내장된 보호회로(protection circuit module, PCM)에 대하여 살펴본다. 휴대전화 등 휴대용 기기에는 과전류가 흐르면 자체적으로 전류를 차단하는 장치가 내부에 있어 휴대기기를 보호할 수 있도록 설계되어 있다. 또한 보호회로는 전지의 온도, 전압 및 전류를 검출하여 과충전, 과방전, 과전류 및 온도 상승 시 전류를 차단하여 전지를 보호하고 성능이 저하됨을 막도록 설계되어 있다. 보호회로는 일반적으로 과충전 검출 보호회로, 과방전 검출 보호회로, 과전류 검출 보호회로 및 온도 센서 등으로 구성되어 있다.

리튬이온 이차전지의 특성상 충·방전 시의 전압, 전류, 온도 등의 최대치는 제한되어야 한다. 리튬이온 이차전지가 최적의 성능을 유지하기 위해서는 과충전 또는 과방전으로부터 보호되어야 하고 전지 온도가 모니터 되어야 한다. 그러므로 리튬이온 이차전지는 각 셀의 설정 전압을 제한하고 방전 시 셀의 전압이 너무 낮게 떨어지는 것을 막는 PCM의 내장이 필요하다. PCM에 의한 예방 조치로 인하여 과충전으로부터 생길 수 있는 리튬 금속의 석출 가능성이 배제된다. 또한, 셀 당 충전전압이 4.5V를 넘게 되면 유기 전해질이 분해되어 가스가 발생하게 되므로, 안전밸브에 압력을 가함으로써 셀 사이의 압력을 높이는 원인이 된다. 따라서 셀에서 전해액이 누출하게 되어 폭발의 위험성을 유발하는 원인이 된다. 현재 모든 종류의 리튬이온 이차전지에는 PCM이 적용되고 있으며, 전지가 여러 개 연결된 전지 팩의 경우에는 각 전지에 대한 특성치들을 개별적으로 관리하고 있다. 특히 전기자동차에 이 팩을 사용할 경우, 수천 개의 전지가 연결되어 있으므로 이를 개별적으로 관리 및 통제하는 것이 필요하다. 그래서 이를 위한 BMS(battery management system) 장치가 요구된다.

리튬이온 이차전지에서 이상 거동이 발생하게 되면 전지 내부에서 부반응으로 인한 전해액 분해가 발생하여 가스가 생성되고, 고온의 경우에는 전해액의 기화로 인한 가스가 발생하게 된다. 이 같은 경우에는 충전 및 방전 전류를 중단시켜야 한다. 이와 같은 기능을 수행하는 것이 전류차단장치(current interrupt device, CID)이다. 전지 내부에서 발생한 가스로 인해 내압이 상승하면, 알루미늄 디

스크로 되어있는 CID가 반대 방향으로 튀어 올라 전류를 차단하는 원리로 작동하게 되며, 주로 원통형 전지에서 사용되고 있다.

CHAPTER 4

리튬이온 이차전지의 제조

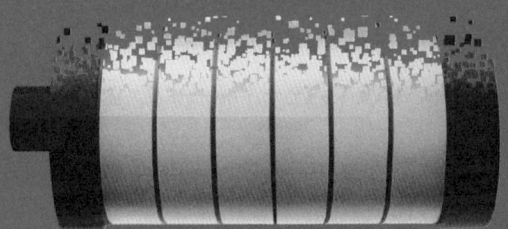

Electronic Materials

ELECTRONIC MATERIALS

# 26

리튬이온 이차전지의 설계

리튬이온 이차전지가 휴대전화 같은 이동식 전자기기 본체 안에 들어가 밀봉되어 있어서 기기 사용자는 배터리에 접근할 수가 없다. 기기가 고장 나면 배터리의 교체조차도 사용자 마음대로 되는 게 아니라 기기 제조 회사에 의뢰해야 한다. 전기자동차에 장착된 배터리 팩은 눈에 보이더라도 운전자나 사용자가 건드릴 수 없다. 기기 제조 시에 보통은 기기 설계 엔지니어와 전지 개발 엔지니어와의 기술 회의에서 고객인 기기 설계 엔지니어의 요구에 따라 배터리의 기술 사양이 결정된다.

어떤 기기에 맞는 리튬이온 이차전지의 제조를 고려할 때, 제일 먼저 이루어져야 할 일이 전지의 설계(design)이다. 고객이 요구하는 전지의 크기 및 용량, 성능, 특성을 고려하여 전지의 설계가 이루어진다. 전지의 종류는 앞 절 어디선가 소개한 바와 같이 크게는 리튬이온 이차전지와 리튬이온 폴리머 이차전지로 구분되고, 리튬이온 이차전지는 형태에 따라 원통형(cylindrical)과 각형(prismatic)으로 분류되며, 리튬이온 폴리머 이차전지는 권취형(winding-type) 또는 적층형(stack-type)으로 구분할 수 있다.

전지의 형태가 결정되면 고객이 요구하는 전지의 최대 크기(size)를 기반으로 전지의 최적 크기를 설계하고 이를 바탕으로 전극의 면적 및 크기를 결정한다. 전지의 크기에 따라 전지의 용량 및 특성이 좌우되며 또한 전지의 제조공정이 결정된다. 일반적으로 원통형 전지의 경우에는 18650(지름 18mm, 길이 65mm) 또는 26650(지름 26mm, 길이 65mm)처럼 지정된 규격으로 제조하게 되지만, 폴리머 전지의 경우에는 전지의 규격을 상대적으로 자유롭게 결정할 수 있어서 요구되는 최적의 크기로 설정하게 된다.

전지의 규격에 따라 전극의 크기가 결정되며, 이를 기반으로 단위면적당 얼마나 많은 양의 에너지를 저장할 수 있을지를 결정하기 위해 전극의 로딩을 결정해야 한다. 전극의 로딩이란 특정 용량(capacity)을 갖는 활물질(active material)을 얼마나 많은 양을 집전체인 금속 포일 위에 코팅할 것인지를 결정하는 것이다. 이때 좌우되는 변수들은 활물질의 종류, 단위면적당 무게, 전극의 두께, 전극의 권취 회수 또는 적층의 수가 영향을 주게 된다. 구현하고자 하는 용량을 만족시키기 위해서는 전체 전극 면적과 단위 면적당의 용량의 곱에 의존하게 된다. 활물질의 종류는 일반적으로 양극의 경우에는 LCO($LiCoO_2$), 음극의 경우에는 흑연(graphite)을 사용하고 있지만, 전지의 특성에 따라 다른 활물질도 활용할 수 있고, 몇 가지 활물질의 혼합도 이루어진다.

전지의 로딩양이 결정되면 양극과 음극의 로딩 양의 차이를 나타내는 NP 비를 결정하게 된다. NP 비(negative to positive ratio)는 양극 로딩 양(mAh/cm^2)에 대비한 음극의 로딩 양(mAh/cm^2)을 나타내는 척도이다. NP 비는 일반적으로 1.0~1.2의 값을 지니고 있다. 이는 음극이 양극에 대비하여 더욱 큰 용량을 지니고 있다는 뜻이다. 이같이 NP 비가 1 이상이 되는 이유는 충전 시에 발생할 수 있는 금속 리튬의 석출을 우려하기 때문이다. NP 비가 1 이하는 만충전(滿充電) 시에 음극에 리튬이 석출되는 것을 의미하게 된다. NP 비가 1인 경우에도 전극 제조상의 공차로 인하여 전극의 로딩에는 편차가 발생하므로 NP 비가 1 이하인 영역이 발생하므로 그 지역에서 리튬의 석출이 발생할 우려가 있어서 실제 전지의 경우 1.1 부근의 값을 널리 사용하고 있다.

만일 NP 비가 낮은 경우에는 충·방전 중에 리튬의 석출 가능성이 커지고, NP 비가 너무 높은 경우에는 양극에 대비하여 음극이 불필요하게 많이 사용되는 것이므로 전지의 제조 단가가 높아지고, 에너지 밀도가 낮아지는 문제점을 지니게 된다. 만일 충·방전 중에 리튬의 석출이 부분적으로라도 발생하게 되면, 리튬의 석출과 동시에 리튬의 표면에서 전해액이 분해되므로 음극의 비가역 발생으로 인한 전지의 용량 감소 및 저항의 증가로 출력의 저하를 가져올 뿐만 아니라, 석출된 리튬이 분리막을 관통하여 내부 단락을 발생시켜서 전압을 강하시키면서 자가 방전을 시킬 수도 있다. 가장 큰 문제점으로 내부 단락에 의한 전지의 폭발을 발생시킬 수도 있어서 리튬이온 이차전지에서 리튬의 석출을 억제하는 것이 매우 중요하다.

전극 활물질의 선정은 전지의 용량, 출력, 양극 및 음극의 균형, 활물질의 가격 등을 고려하여 결정하게 된다. 선정된 활물질을 사용하여 전극을 생산하게 되는데, 이때 전극에는 활물질과 함께 도전재와 바인더가 사용된다. 활물질은 물질에 따라 높은 전기전도성을 지니는 물질도 있으나 일반적으로 전지에서 요구하는 수준보다는 낮은 전기전도성을 가지고 있어서 전극의 전기전도성을 부여하기 위하여 전기전도성이 우수한 물질을 함께 사용하게 되는데 이와 같은 물질을 도전재(conducting aid, conducting agent)라고 부르고 있다. 현재 도전재로 널리 사용되고 있는 물질은 전기전도성이 높고 입자가 작아서 작은 양으로 높은 전기전도성을 부여할 수 있으며 밀도가 낮아서 경량화할 수 있는 카본블랙(carbon black)이다.

리튬이온 이차전지에서는 카본블랙 중에서 아세틸렌 블랙이 가장 널리 사용된다. 리튬이온 이차전지에 사용되기 위한 조건은 전기전도성이 높고, 입도는 작아야 하며, 비표면적은 상대적으로 작고, 불순물이 없어야 한다. 일반적인 카본블랙은 비표면적이 수백~수천 m^2/g에 이르지만, 리튬이온 이차전지에 사용되는 카본블랙은 $100m^2/g$ 이하이다. 특히 음극의 경우 비표면적이 높은 카본블랙을 사용하면 첫 충전 과정에서 전해질 분해반응의 발생이 심하여 전지의 성능이 크게 저하된다. 또 전극 혼합과정 중에 NMP(N-methylpyrrolidone)를 분산매로 사용하게 되는데 비표면적이 큰 카본블랙은 많은 양의 NMP 사용을 유발하게 될 뿐만 아니라 카본블랙 입자 간의 분산을 방해한다.

전극의 제조에는 활물질과 도전재 이외에도 바인더와 용매(분산매)가 사용되고 있다. 바인더는 고분자로써 전극 활물질, 도전재를 결착시켜 전극의 외형을 형성시키며 또한 활물질과 도전재를 집전체인 금속 포일에 고정한다. 보통 바인더는 PVdF(polyvinylidene fluoride)로 용매인 NMP에 녹여서 사용하고 있다. PVdF는 CH_2와 CF_2가 반복되는 형태를 지닌 고분자 물질로써 리튬이온 이차전지의 사용구간에서 열적 및 전기화학적으로 가장 안정한 특성을 나타내고 있어서 양극 및 음극에 모두 사용되고 있다. PVdF의 경우

NMP 용매에 녹기 때문에 전극을 제조하기 위한 전극 슬러리의 제조가 쉬울 뿐만 아니라 고분자와 용매의 양을 조절하여 전극 슬러리의 점도를 조절할 수 있어서 전극을 코팅하기에 적절한 성질을 갖고 있다.

바인더는 기본적으로 절연체이며 전극의 구조를 잡아주는 역할을 하지만, 바인더의 특성에 따라 전극의 제조공정 및 전지의 조립 공정에 큰 영향을 줄 뿐만 아니라 전지의 성능에 큰 영향을 준다. 점차 전지의 고용량화, 고출력, 고안전성, 고기능을 요구함에 따라 소재에 관해서 많은 연구가 이루어지고 있으나 또한 한계도 지니고 있었다. 이때 이러한 부분들을 개선하여 줄 수 있는 중요한 요소가 바로 바인더의 특성으로 현재 요구되는 특성에 맞는 바인더의 변화를 통해 우수한 특성을 갖는 전지 개발을 추구할 수 있다.

전극 제조를 위한 활물질, 도전재, 바인더를 결정하게 되면 전극의 조성을 결정하여야 한다. 대부분 활물질, 도전재, 바인더의 무게를 기준으로 퍼센티지를 사용하여 조성을 나타내고 있다. 도전재의 사용량이 줄어들면 전기전도성이 줄어들어 전극의 저항이 증가하는 문제가 발생하며, 도전재의 사용량이 많아지게 되면 저항은 감소하지만, 전극의 에너지 밀도가 낮아지게 된다. 또한 전극 슬러리의 점도를 맞추기 위해서 상대적으로 많은 양의 용매 NMP를 사용하게 되어 원재료비가 증가할 뿐만 아니라 같은 전극 크기에서 제조할 수 있는 전지의 수가 감소하므로 공정비용이 증가할 뿐만 아니라, 건조공정에서 건조해야 할 NMP의 양이 증가하게 되어 코팅 속도 역시 낮아지게 되어 전지의 제조 비용을 증가시키게 된다. 또한 활물질에 비하여 도전재가 높은 비표면적을 지니고 있어서 전극의 결착력을 확보하기 위해서는 더 많은 양의 바인더를 사용하게 된다. 따라서 도전재는 최종적으로 전지에서 요구하는 출력 특성 또는 율별 방전 특성과 고속 충전의 여부 등을 파악하여 최소한의 양을 사용하여야 한다. 최소한의 양이라는 것은 전지의 용도에 따라 달라지며 전극 활물질의 종류에 따라서도 달라진다. LCO의 경우 전극 활물질 중에서 상대적으로 전기전도성이 우수해서 적은 양의 도전재를 사용하고 있으며, 현재 일반적으로 제조되는 전지에서는 도전재의 사용량이 2~3% 정도이다.

바인더의 경우 PVdF는 활물질과 도전재의 종류, 비표면적, 사용량 등을 고려하여 결정하게 된다. 바인더의 사용량이 증가하게 되면, 바인더가 전자의 이동을 방해하여 전극의 저항을 증가시키게 되며 또한 전극의 에너지 밀도를 감소시키게 된다. 바인더의 사용량을 과도하게 줄이면 전극의 접착력이 부족하여 전극 층이 집전체인 금속 포일에서 이탈되거나 전극의 표면이 갈라질 우려가 있다. 또한 활물질 및 도전재 입자가 전극 층에서 떨어져 나와 장비를 오염시키거나 전지 내부의 다른 데에 위치하여 전지의 내부 단락을 일으키는 원인으로 작용할 수 있다. 즉 활물질, 도전재, 바인더의 비율은 전지의 에너지 밀도, 저항, 불량 가능성, 제조 비용 등에 영향을 주고 있으므로 성능과 공정성에 영향을 미치지 않는 선에서 최소한의 도전재와 바인더를 사용하는 것이 전지의 제조 과정에서 유리한 방향이다.

전극의 조성이 결정되면 전극의 밀도를 결정한다. 전극의 밀도는 전극에 사용되는 활물질, 도전재, 바인더 각각의 밀도와 조성에 영향을 받으며 또한 전극 내부의 기공에 영향을 받는다. 같은 전극 물질을 사용하는 경우 전극 밀도를 기준으로 비교할 수 있지만, 전극 물질이 다르거나 조성이 크게 변하는 경우는 전극 밀도보다도 전극의 기공도(porosity)로 비교하는 것이 효율적이다. 전극의 밀도는 전극이 차지하고 있는 부피에 대비하여 전극 층이 실제 차지하고 있는 부분을 제외한 부피의 비율을 의미하는 것이다. 전극을 설계할 때 먼저 전극의 기공도를 결정한 후에 전극 층의 평균밀도를 계산하여 둔다. 전극에는 단위면적당 설정된 로딩 무게만큼 코팅되어 있으므로, 이를 전극 층의 평균밀도로 나누어주면, 실제 차지하고 있는 전극 층의 부피를 알 수 있다. 이를 전극의 두께를 이용하여 전극이 기공을 포함하여 차지하고 있는 부피는 전극의 최종 가공 후의 두께를 통해 계산할 수 있으므로 이 두 값을 이용하면 전극의 기공도 값을 알 수 있다.

실제 전지의 설계에서는 전극 로딩 양을 결정한 후에 적당한 기공도를 사전에 결정한 후에 전극의 최종 두께를 결정한다. 전극의 최종 두께는 코팅된 전극을 금속 재질의 무거운 롤을 이용하여 누르는 롤 프레스(roll press)를 통한 압연과정을 거치면서 결정이 된다. 따라서 적당한 기공도를 결정하고 이와 같은 기공도를 만족할 수 있는 두께까지 압연하여 전극을 제조한다. 전극의 기공도가 크면 같은 용량을 낼 수 있는 전극이 두꺼워지는 것이므로 에너지 밀도를 낮추게 되며 또한 활물질, 도전재, 집전체 간의 평균 거리가 멀어짐에 따라 전자의 전달이 방해받게 되어 저항이 증가하는 문제점을 지니게 된다. 또한 기공이 많아지게 되면 전지의 제조 시에 요구되는 전해액의 양이 증가하므로 전지의 원재료 사용량이 증가하여 제조 비용도 증가하게 된다. 결국, 전극의 기공도를 낮출수록 전극의 밀도가 높아지므로 에너지 밀도도 높아지게 되고 전자의 전달도 쉬워진다.

공정상 전극을 압연하는 데는 한계가 있으며 무리한 두께까지 압연하면 롤 프레스의 롤(roll)에 상처를 주어 고가인 롤의 수명을 줄일 뿐만 아니라 전극이 뒤틀리거나 찢어지기도 한다. 그리고 전극 내부에 기공의 양이 적으면 전해액이 전극 내부에 충분히 침투하지 못하고 전극과 전해질 간의 계면의 면적이 작아져서 전하 전달 반응이 일어날 수 있는 사이트가 감소하여 저항을 증가시킬 수 있다. 전지의 제조공정 상 전해액을 주입하고 전해액을 전극 층 내부로 침투시켜 전지를 생산하게 되는데, 기공도가 낮은 경우 기공이 매우 작으면 전해액의 침투가 어려워져서 전지 제조가 어렵게 되는 단점을 지니고 있다. 전극에서 최적의 기공도는 전극의 종류나 조성, 그리고 전지의 용도에 따라 달라지지만, 일반적으로 20~30% 영역에서 설계되고 있고, 실제 전극의 기공도를 25% 이내까지 낮추는 것은 공정상의 한계에 가깝다.

27

전지 전극 제조공정

전지를 제조하는 공정은 크게 3가지 단계로 구분할 수 있다. 먼저 전지에 사용되는 전극을 제조하는 전극 제조공정(electrode process), 그리고 제조된 전극을 사용하여 젤리 롤(jelly roll)이라고도 부르는 양극과 분리막 그리고 음극으로 이루어진 전지 조립체를 만드는 조립공정(assembly process), 마지막으로 조립체에 전해액을 주입하고 충전하여 완성품을 만드는 활성화 공정(activation process)으로 구성된다. 이 중에서 조립공정 이전에 사용되는 공정을 전공정(前工程)이라고 부르며, 활성화 공정을 후공정(後工程)이라고 한다.

전극 제조공정은 원재료를 사용하여 전극을 제조하고 필요한 크기로 절단하는 공정까지를 일반적으로 지칭한다. 양극의 제조 시에는 활물질, 도전재, 바인더, NMP로 이루어진 전극 슬러리를 알루미늄 포일의 양면에 도포(coating) 한 후 건조한다. 음극도 같은 방법으로 제조되는데 음극활물질(일반적으로 흑연)에 PVdF 수지, NMP로 이루어진 페이스트(paste)를 만들어 구리 포일의 양면에 도포 한 후 건조하여 제조한다. 음극에서 필요에 따라 도전재를 첨가하기도 한다. 집전체인 금속 포일의 두께는 알루미늄이 대략 20㎛, 구리가 대략 10㎛이다. 활물질의 도포 두께는 100㎛ 정도이다. 따라서 전극의 전체 두께는 230㎛ 정도가 된다. 유기 전해질의 이온 전도도가 수용액 전해질보다 매우 낮아서 이같이 얇은 전극을 제조하여 전극 면적을 넓혀서 전압강하를 막는다. 전극 제조공정은 크게 혼합(mixing), 코팅(coating), 건조(drying), 압연(pressing), 절단(slitting) 공정으로 구분된다.

혼합(mixing) 공정은 활물질, 도전재, 바인더와 용매 또는 분산매를 고르게 혼합하여 코팅할 수 있는 전극 슬러리를 제조하는 공정을 의미한다. 혼합 공정에서는 각 성분이 잘 분산된 슬러리(slurry)를 코팅에 적당한 점도를 지닌 상태로 제조한다. 좋은 슬러리 제조를 위해서 혼합 공정의 구성이 매우 중요하다. 슬러리가 잘 분산되지 못한 경우에는 이후 코팅 및 건조공정에서도 계속 문제를 발생시키기 때문에 혼합 공정은 전지의 제조에 있어서 매우 중요한 공정이다.

 양극 극판 제조 시의 혼합 공정을 예로 설명한다. 음극 극판 제조에도 비슷한 공정이 적용된다. LCO 같은 양극활물질을 용매인 NMP(N-methyl pyrrolidone) 중에서 바인더인 PVdF(polyvinylidene fluoride) 수지와 혼합하여 페이스트(paste) 형태로 만든다. LCO는 그 자체가 약간의 전도성을 가지고 있지만, 보통 전극의 전도도를 더욱 크게 하려고 탄소계인 카본블랙을 도전재로써 첨가한다. 혼합 공정에 사용되는 믹서(mixer)의 경우는 실험실용 5리터 급부터 양산용 500~1,000 리터 급까지 다양한 크기가 존재하며, 혼합방식에 따라 여러 가지 종류가 존재한다. 현재 가장 널리 사용되는 방식은 배치식 혼합으로 정해진 부피의 용기에 원하는 양의 원재료를 투입하고 충분히 혼합한 후에 코팅공정으로 이송한다.

 믹서(mixer)는 플래너터리(planetary) 방식이 주로 사용되고 있다. 한 개 또는 두 개의 블레이드가 자전과 공전을 동시에 진행하는 방식을 취하고 있으며 톱니 모양의 호모제나이저(homogenizer) 블레이드를 가지고 있다. 플래너터리 블레이드의 회전은 상대적으로 저속으로 회전하면서 고점도 상태에서 효율적인 혼합을 진행하게 되고 점도가 낮아지게 되면 플래너터리 블레이드보다는 고속으로 회전하는 호모제나이저 블레이드가 주로 혼합에 기여한다. 믹서에는 원재료 투입기가 연결되어 사용하고자 하는 원재료의 무게가 정량

된 후 투입되면서 혼합이 진행된다. 혼합에 투입되는 것은 활물질 (예; LCO)과 도전재인 카본블랙, 바인더인 PVdF, 그리고 용매이자 분산매인 NMP가 투입된다. 일반적으로 PVdF 고분자는 분말 형태 보다는 사전에 NMP에 12% 농도로 만들어진 바인더 용액으로 투입된다. 바인더 용액을 사용하는 이유는 바인더 분말이 용매에 완전히 녹아있지 않게 되면 전극의 성능을 저하하게 되므로 완전히 용해된 상태로 혼합이 이루어지는 것이 효과적이기 때문이다.

결국, 투입되는 것은 활물질 분말, 도전재 분말, 바인더 용액, NMP로 두 종류의 분말과 한 종류의 용액, 한 종류의 용매이다. 따라서 두 종류의 고체와 두 종류의 액체가 투입되는 셈이다. 고체와 액체의 비율에 따라 전극 슬러리의 점도가 변경되는데 고체의 비중이 높을수록 점도는 큰 값을 가지게 된다. 전극 슬러리의 점도가 높으면 블레이드의 회전을 통하여 외부에서 주어지는 힘의 전달이 쉬워져서 고체의 분산을 촉진한다. 즉 점도가 높을수록 잘 섞이지 않는 분말의 혼합이 잘 된다. 특히 카본블랙의 경우 입자의 크기가 수십 나노미터이며 서로 얽혀있는 형태로 존재하므로 점도가 매우 높아야만 효과적으로 활물질 입자와 고르게 혼합시킬 수 있다. 따라서 혼합과정 중에 점도의 조정이 분산에 직접적으로 관여하게 된다. 혼합 시간을 충분히 길게 하고 블레이드의 회전속도를 높이면 분산도를 높일 수 있지만, 혼합 시간이 길어질수록 전지의 생산 속도가 느려지므로 제조 비용이 증가하기 때문에 제한된 시간에서 효과적인 혼합을 구현해야 한다. 또한 블레이드의 회전속도를 높이면 믹서에 과부하를 주게 되어 장비가 멈추거나 심각한 경우 블레이드에 균열을 발생시킬 수도 있다. 또한 고속으로 장시간 회전하게 되면 슬러리에 많은 에너지를 공급하게 되어 믹서의 표면을 냉각수로 식혀주고 있음에도 불구하고 슬러리의 온도가 급격히 상승하여 슬러리에 화학적인 손상을 가져올 수도 있다.

점도가 높아야 효율적으로 혼합이 진행되므로 점도의 조정은 매우 중요하다. 믹서에서 점도를 조정하는 방식은 고체와 액체의 비율을 조정하는 것으로 설정하게 된다. 슬러리 내부의 고체 성분의 비율을 고형분(solid loading)이라고 하는데 고형분에 따라 대략적인 슬러리 상태를 예측할 수 있다. 전극 슬러리의 혼합순서(mixing protocol)는 재료의 투입순서, 투입량, 혼합 시간, 블레이드 속도를 단계별로 어떻게 조정할 것인지를 결정하는 것이다. 효과적인 혼합 순서는 초기에 높은 고형분을 유지하고 점차 낮추어서 최종적으로는 코팅하기에 적당한 점도까지 낮추는 것이다.

혼합 공정에서 전극 슬러리를 제조하고 나서 코팅이 잘 되었는지를 판단하기 위해서 점도계를 이용하여 점도를 측정하고, 정상적인 투입이 진행되었는지를 판단하기 위해서 최종 고형분을 측정한다. 슬러리의 점도 측정 시에는 슬러리의 온도가 비교적 높아서, 측정 시의 온도를 참작해야 한다. 일반적으로 코팅이 가능한 점도 영역이 넓어서 몇 차례의 시행착오를 거쳐야 원하는 점도 수준으로 슬러리를 제조할 수 있다. 코팅에 필요한 점도보다 높은 점도가 나오는 경우는 추가로 NMP를 투입하여 고형분을 낮추어 주면 된다. 그리고 최종 고형분의 측정은 최종 슬러리를 채취하여 무게를 재고 고온에서 완전히 건조하여 다시 무게를 측정해서 고형분을 측정한다. 투입량을 통하여 계산된 고형분과 비교하여 그 값과 차이가 존재하면 각 원재료의 투입에서 문제가 발생하였거나 슬러리의 분산에 심각한 문제가 있는 것으로 예상할 수 있다.

혼합 공정에서 제조된 슬러리를 집천체인 알루미늄 또는 구리 포일 위에 도포하는 과정을 코팅공정이라 한다. 실험실에서는 작은 면적의 포일 위에 의료용 칼인 닥터 블레이드를 이용하여 전극 슬러리를 고르게 코팅한 후 건조하는 배치식 방식을 사용하고 있다. 상업용 전지의 생산설비에서는 폭이 50cm 이상이고 길이가 800m 이상인 금속 포일의 롤을 이용하는데, 금속 포일 롤을 풀어가면서 (unwinding) 연속적으로 코팅을 진행한다. 금속 포일 위에 전극 슬러리가 도포되면 연속적으로 건조기로 투입되며 건조된 후의 전극은 다시 권취되어(rewinding) 롤 형태로 보관된다. 한쪽 면이 코팅 완료된 전극은 다시 전극 롤을 풀어가면서 반대쪽 면을 코팅하고 다시 건조기를 통과하면서 전극을 코팅하게 된다. 전극의 앞쪽 면을 코팅하는 과정을 탑 코팅(top coating), 뒤쪽 면을 코팅하는 과정을 백 코팅(back coating)이라고 한다.

코팅 과정에서 전극 슬러리가 불안정한 경우에는 여러 가지 문제가 발생할 수 있다. 특히 전극 슬러리가 충분히 분산되지 않고 뭉쳐져 있거나 거대 입자가 존재하면 코팅 면에 연속된 선이 있어 불량 전극을 형성하게 된다. 점도 조건이 맞지 않으면 코팅되는 부분의 양쪽 끝단이 무너지면서 로딩이 맞지 않게 코팅되는 경우도 발생한다. 슬러리에 기포(氣泡)가 존재하면 건조 과정 중에 기포(porosity)가 제거되면서 전극이 코팅되지 않은 반점이 나타나는 불량도 발생한다. 코팅 과정에서는 금속 포일 위에 전지 설계안에 따라서 전극 물질을 로딩해야 하므로 단위 면적당 일정한 무게의 전극 층을 도포해야 한다. 코팅의 조건을 바꾸어 가며 원하는 로딩 양을 맞춘 후 코팅 조건을 유지하게 된다.

코터(coater)의 종류는 콤마 코터와 다이 코터로 구분된다. 콤마 코터는 콤마 롤을 이용하여 코팅하는 것으로 코팅 두께는 100㎛ 이내가 가능하고, 코팅 스피드는 최대 분당 20m까지 가능하다. 코팅의 폭 조절이 쉬워 자유롭게 폭의 크기를 조절할 수 있으나, 코팅 스피드에 제약이 있고 일정한 길이를 단속적으로 코팅하게 되는 패턴 코팅 (pattern coating)의 적용은 어렵다. 반면에 다이 코터의 경우에는 300㎛ 두께까지 코팅이 가능하고 코팅 스피드도 분당 40m까지 높일 수 있다. 패턴 코팅 작업도 용이하나, 코팅의 폭 조절이 어려워 지정된 폭 이외의 코팅을 위해서는 원하는 코팅 폭을 위한 악세사리를 제작하여 장착하여야 한다.

건조(drying)공정은 코팅공정과 연속적으로 이루어진다. 건조공정은 금속 포일 위에 코팅되어 있고 높은 점성을 가지는 전극 슬러리의 액체 성분을 제거하여 고체의 전극 층만을 금속 포일 위에 남겨두는 과정이다. 코팅 스피드에 비례하여 건조기의 길이를 증가시켜야 한다. 코팅 스피드를 분당 40m 정도로 유지하기 위해서는 길이가 수십 미터에 달하는 건조기가 요구된다. 건조기에서는 단계별로 온도와 풍속을 조절하여 전극 슬러리가 안정적으로 건조될 수 있도록 한다.

건조기는 길수록 천천히 건조시킬 수 있어서 안정한 공정을 구현할 수 있으나, 전지의 생산단가를 낮추기 위해서는 짧은 건조구간에서 빠른 코팅을 실현해야만 한다. 따라서 최적의 건조조건을 유지하기 위한 실험과 시뮬레이션을 통하여 전극 슬러리에 따른 건조조건을 조정하게 된다. 건조조건이 적절하지 않으면 전극이 갈라지게 된다. 육안으로는 잘 보이지 않는 미세한 균열이 가는 경우에서부터 전극이 거북등처럼 갈라지기도 한다. 또는 전극 층이 금속 포일에서 쉽게 떨어지기도 한다. 따라서 건조된 전극에서 전극의 표면 상태, 전극과 포일 간의 접착 상태 등을 반드시 확인해야 한다. 빠른 건조를 위해서는 코팅이 가능한 수준까지 점도를 낮추면서도 최종 고형분은 높게 제조하여 증발시켜야 할 NMP 등 용매의 양을 최소화해야 한다. 이를 위해서는 전극에서 높은 비표면적을 갖는 카본블랙의 함량을 최소화하는 것이 유리하다. 그리고 전극의 로딩이 낮을수록 단위면적당 증발시켜야 하는 용매의 양이 감소하기 때문에 건조가 유리하게 된다.

전극의 앞면과 뒷면이 모두 코팅된 전극은 압연(pressing, rolling) 과정을 거친다. 압연공정은 전극 활물질 입자와 도전재 간의 접촉을 증가시키고 금속 포일과 전극 층 사이의 결합을 강화하기 위해 실시한다. 이는 목표 두께로 전극을 눌러주는 공정으로 전극 물질과 전극 물질 간의 결착력을 높이며 동시에 전극과 포일 간의 결착력을 높이려는 목적이 있다. 압연을 거침에 따라 분말 입자 간의 접촉이 향상되어 전자 전달이 유리해지면 전극 부피의 감소로 인하여 에너지 밀도도 높아지는 효과를 가져온다. 전극 설계에서 주어진 두께까지 전극을 압착하여 전극 내부에 존재하는 기공의 양을 감소시키면서 기공도를 조정하게 된다. 전극의 압연 시에 전극이 코팅되어 있지 않고 포일이 노출된 영역인 무지부와 전극이 코팅된 영역인 유지부의 연신율 차이로 인하여 재 권취 시에 무지부가 찌그러지는 현상이 발생할 수도 있다.

건조된 전극을 전지 크기에 맞게 필요한 크기의 롤(roll) 상태로 절단하는 공정을 절단(slitting) 공정이라 한다. 넓은 면적으로 코팅된 전극 롤을 풀어주면서 절단기의 칼날을 이용하여 절단하고 다시 권취하여 롤 상태로 보관한 뒤 조립공정으로 이송시킨다.

28
전지 조립공정과 활성화 공정

　전지의 조립공정은 절단(slitting) 된 전극으로부터 전해액을 투입하기 직전 단계까지의 조립체를 완성하는 단계이다. 조립공정은 권취형과 적층형에 따라 다른 경로를 거치게 된다. 먼저 원통형 또는 각형 전지에 주로 사용되는 권취형의 조립은 전지의 규격에 맞게 절단되어 온 전극 롤에서부터 시작된다. 양극과 음극 사이에 분리막을 위치시킨 것을 태엽 식으로 말아 캔 속에 넣는 과정이다. 전극에 리드선을 용접한 후 양극/분리막/음극/분리막의 순서로 겹쳐서 원통형으로 말아서 전지 조립체인 젤리 롤(jelly roll)을 형성한다. 양극 롤과 분리막 롤, 음극 롤을 순차적으로 배치한 후에 동시에 필요한 길이까지 감아주게 된다. 이러한 과정을 권취 (winding)라 한다.

원통형의 경우 작은 원을 중심으로 소용돌이 형태로 말려지게 되며, 각형의 경우 얇은 판의 형태에서 권취가 시작되어 원형이 아닌 긴 직사각형 형태로 권취가 이루어진다. 권취하여 만들어진 전지 조립체는 캔에 삽입하여 음극 리드선을 캔의 하단부에 용접한다. 다음에 전해액을 주입한 후, 양극 리드선을 캡에 용접하고 개스킷과 함께 캡을 씌워서 밀폐한다. 캔은 일반적으로 스틸 캔이 사용되나 경량화하기 위하여 알루미늄 캔이 사용되는 때도 있다. 다만 알루미늄 캔을 채용할 때는 캔에 양극을 연결하여야 한다. 전지 조립체의 제조공정에서 주변에 접착테이프를 감아서 소자가 풀리는 것을 방지하고 있지만, 전해액의 영향으로 테이프의 접착력이 노화하기 때문에 풀리는 현상이 발생할 수 있다. 흑연을 음극으로 사용하는 경우 리튬이 삽입되는 충전 과정 중에 흑연 층 간격의 확대로 인해 음극에서 부피 팽창이 일어나 빈틈이 완전히 채워지기 때문에 특별한 문제가 발생하지 않는다.

적층형(stack-type)의 경우에는 특정한 크기로 전극을 절단하여 음극/분리막/양극/분리막의 순으로 적층해가는 형태이다. 우선 전극을 필요한 크기로 절단하는 공정을 거치게 되는데 이 공정을 타발 공정이라고 부르고 있다. 전극 절단 과정에서는 전극의 리드선을 용접할 수 있도록 전극이 코팅되지 않은 무지부를 포함하여 절단이 이루어져야 하므로 코팅된 전극의 절단 시에 유의하여야 한다. 절단된 전극은 분리막과 함께 전지 조립체를 제조하는데 이는 여러 가지 형태가 존재하며 업체에 따라 다른 형태를 가지고 있다. 긴 분리막에 절단된 전극을 위치에 맞게 배치한 후 감아서 적층형 전지 조립체를 제조하는 방법 즉 폴딩 방식이 있다. 또는 분리막 역시 전극보다 일정하게 넓은 형태로 절단한 후에 전극과 함께 순차적으로 적층하는 스택 방식 있다. 이 두 가지 방식을 혼합한 스택 앤드 폴딩 방식도 사용되고 있다. 전극 조립체가 완성되면 전극에서 전극 층이 코팅되지 않은 부위가 일정하게 튀어나오게 되며 그 부위에 금속성의 전극 탭을 용접하여 전지 조립체를 완성한다. 이같이 완성된 전지 조립체를 금속박에 고분자층을 코팅하여 제조된 파우치에 넣고 파우치를 열융착하여 밀봉한 후에 전해액을 주입하게 된다.

전지의 활성화 공정은 조립공정 이후에서 전해액이 주입되고 최종 전지를 완성하는 단계를 뜻하며, 후공정이라고도 불리고 있다. 후공정에서는 먼저 전해액을 주입하고, 전지를 부분적으로 충전하여 음극에서 부동태 막(SEI)을 형성하면 불가피하게 생성되는 가스를 사전에 생성시키고, 안정화하며 발생 가스를 제거하고 최종적으로 밀봉 후 평가하는 과정을 포함한다. 전지를 안정화하기 위해서 후공정 기간을 충분히 잡아주는 게 좋고 불량의 검출 빈도를 높일 수 있으나 공정기간의 증가는 장비, 창고 등 감가상각비의 발생과 자금의 회전율을 감소시키고, 고객에게 납품할 시기의 지연 등이 발생하기 때문에 가능한 한 빠른 기간에 공정을 끝내는 게 경제적으로 유리하다.

  활성화 공정은 우선 전해액을 전지 조립체에 집어넣는 전해액 주입공정(electrolyte filling)으로부터 시작된다. 전해액을 주입한 후에는 전해액이 전극과 분리막을 충분히 적셔줄 수 있도록 일정 시간 보관한다. 전해액이 충분히 적셔지게 되면 전지를 부분적으로 충전하는 화성(formation) 공정을 진행하게 된다. 화성 공정에서는 부분적으로 충전하면서 음극에 SEI를 생성시키게 된다. 음극에서 생성되는 SEI는 전지의 성능에 큰 영향을 미치기 때문에 최적의 조건을 찾아서 화성 공정을 진행하여야 한다.

  일반적으로 느린 전류로 화성 공정을 진행하는 것이 더 우수한 전지 성능을 보이는 것으로 알려져 있으나 느린 전류를 사용하면 목적하는 충전 상태(state of charge, SOC)까지 도달하는데 시간이 증가하기 때문에 화성 공정에 사용되는 충·방전기의 활용도가 저하되므로 동일한 전지를 생산하기 위해서는 충·방전기가 더 많이 필요하므로 초기 투자비가 증가하는 문제가 있고, 생산 속도도 저하된다. 또한 충분히 SEI를 만들어주기 위해서 일정 수준 이상의 SOC까지 높여야 하지만 화성 공정에서 충전을 진행하는 SOC가 높을수록 장비 효율성이 낮아지게 된다. 화성 공정 이후에는 생성된 SEI를 안정화하고 전지의 상태를 파악하여 불량을 검출할 수 있도록 숙성(aging)을 시켜야 한다. 이 공정은 상온 및 고온에서 진행하게 되는데, 고온에서 숙성시키면 더 빠르게 안정화 되어 공정기간을 단축할 수 있다. 그러나 고온 공정에서도 60℃ 이상의 온도는 일반적으로 사용하지 않는데 이는 전지의 성능 퇴화가 짧은 기간에 크게 발생하기 때문이다. 이후 발생 가스를 제거하고 완전히 밀봉한다. 이때의 방법은 전지의 종류와 특성에 따라 다르게 적용된다. 전지의 최종 밀봉이 완료되면, 용량, 임피던스, 개방회로 전압(open circuit voltage, OCV) 등이 측정되고 외관 등을 검사하여 불량을 선별하고 출하(shipping)를 대비한다.

29

전고체 전지

현재 성능이 좋고 여러 기기에 채용되고 있는 리튬이온 이차전지의 전해액은 주로 유기화합물로 이루어진 액체이다. 액체 전해질로 만들어진 현재의 배터리는 충격이나 고전압에 발화될 위험성이 있다. 21세기 초에 이러한 리튬이온 배터리를 장착한 노트북 컴퓨터의 발화 및 폭발을 경험했고 작금에는 전기자동차의 폭발 화재 사건이 자주 보고되고 있다. 이러한 문제점을 해결하기 위하여 전지 개발 엔지니어들이 각고의 노력을 기울이고 있다. 궁극적인 대책은 액체 전해질을 고체 전해질로 대체하는 것이라고 전지 전문가들은 보고 있다. 이렇게 함으로써 리튬이온 이차전지에 필요한 전해액과 분리막을 없앨 수 있고, 대신 그 공간에 에너지 밀도가 더 높은 전극 활물질을 집어넣을 수 있다.

앞에서 리튬이온 이차전지의 작동 원리를 국제간 무역 과정에 비교하여 설명한 바 있다. 이온이 전해질을 거쳐 양극에서 음극으로 이동하는 과정을 배로 물품을 이동하는 해상운송에 비유하였다. 대금의 결제 과정보다 운송 시간이 훨씬 더 걸리고 해적을 만날 위험이 있어도 운송비가 저렴하고 한꺼번에 움직이는 물량이 많은 편이어서 해상운송이 주로 이용되고 있다. 고체 전해질은 육상 운송에 비유할 수 있다. 육상 운송을 이용하려면 우선 당사국 간에 지리적인 조건이 맞아야 하고, 고속도로든 철도가 미리 부설되어 있어야 한다. 기반 시설이 구축되어 있으면 육상 수송이 편리하고 경로 추적이 가능하고 시간이 덜 들지만, 실질적으로 육상을 통한 운송비가 바다를 통한 해상운송보다 더 든다.

전해액을 쓰는 기존의 배터리는 양극과 음극이 단락(short) 될 경우, 화재가 발생할 위험이 있으나, 전고체 배터리(all solid battery)는 리튬 이온이 이동하는 전해질이 고체로 이루어져 있어서 항시 고정되어 있고 구멍이 뚫려도 폭발하지 않고 정상 작동한다. 고체 전해질은 액체 전해질보다 내열성과 내구성이 뛰어나서 폭발이나 화재가 발생할 위험성이 낮고 배터리의 크기도 줄일 수 있다. 전고체 배터리는 안전성뿐만 아니라 용량과 두께 측면에서 '휘는(flexible) 배터리'를 구현할 수 있는 최적의 조건을 갖춘 것으로 평가된다. 전해질에 액체가 없어 박막을 만들 수 있고, 양극과 음극을 여러 겹 쌓아 고전압·고밀도 배터리 구현이 가능하다. 현재의 리튬이온 배터리보다 에너지 밀도가 높다. 기존 리튬이온 이차전지의 에너지 밀도는 255Wh/kg 수준이나 전고체 배터리는 이론적으로 495Wh/kg까지 에너지 밀도가 올라간다. 이로써 전기자동차의 1회 충전 당 주행 거리 향상과 충전 시간을 절약할 수 있을 것으로 전망된다. 부품 수가 덜 들어가는 만큼 배터리 팩의 무게도 가벼워질 것으로 기대된다.

그러나 전고체 전지는 고체 형태이다 보니 액체 전해질보다 이온전도도가 낮아 출력이 낮고 수명이 짧다는 단점이 있다. 이에 따라 세계의 전지 연구자들은 최대한 이온전도도를 높일 수 있는 전고체 배터리 소재 찾기에 나섰다. 전해질 소재가 액체에서 고체로 바뀔 뿐만 아니고 아마도 양극과 음극 재료를 포함하여 기존의 전극 구성 소재가 바뀔 가능성도 있다. 세계적인 제조기업에서 이를 기반으로 전고체 전지 개발에 열을 올리고 있다. 현재 고체 전해질 소재의 유력한 후보는 고분자와 산화물, 인산염, 황화물 등 무기계 고체 전해질(inorganic solid electrolyte)이다. 이 소재들의 각각은 장단점이 명확하다. 앞 절 고체 전해질 부분에서 다룬 바 있는 고분자는 이온전도도나 온도 변화에 대한 안정성이 떨어지지만 생산 용이성이 높다. 아무래도 고분자 소재는 발화되면 쉽게 타버리는 약점이 있다. 한편 산화물과 인산염은 이온전도율이나 안정성은 괜찮은 편이나 생산 용이성이 낮다. 현재 산업계의 주목을 받는 물질은 황화물이다. 황화물 소재는 이온전도도, 생산 용이성, 온도 변화에 대한 방어력 등이 두루 높다.

무기계 고체 전해질은 기본적으로 음이온의 성질을 가지는 격자점과 리튬 이온으로 구성되어 있다. 고체 구조를 형성하는 무기화합물은 일반적으로 불연성(不燃性)이며 전지로서의 안정성 또한 높은 편이다. 그리고 기본적으로 리튬 이온만이 움직이기 때문에 양이온의 수송률(transference number)이 이론적으로 1이 되어 음이온 이동의 영향을 받지 않는 이상적인 전해질로 기대된다. 무기계 고체 전해질은 전극 계면에서의 분해반응에 영향을 받지 않아서 수명이 길고 안정한 전지를 구성하는 데 적합할 것으로 기대되고 있다. 그러나 무기 고체 전해질은 유연성이 없고, 낮은 이온전도성으로 인하여 사용이 제한되어 있다. 현재는 주로 박막 전지(thin film battery)에 사용되고 있는데, 전지의 변형이나 전해질의 휘발성이 전혀 없으며, 매우 작은 두께의 전해질이 사용되어 낮은 이온전도성으로 인하여 발생하는 저항을 줄여줄 수 있다.

무기계 고체 전해질은 결정성인 것과 무정형인 재료로 크게 분류할 수 있다. 결정성 무기계 고체 전해질로는 먼저 NASICON(Na^+ Super Ionic Conductor) 형 화합물과 다결정체로서 얻어지는 정공(hole)을 가지는 산화물인 ABO_3 형태를 지니는 페로브스카이트

(perovskite) 화합물, 그리고 황산 철형 화합물 등이 있다. 결정구조를 갖는 화합물보다 무정형 구조를 갖는 쪽이 이온 전도에 유리할 것으로 일반적으로 예상한다. 또한 무기계 이온전도체의 경우는 결정성 무기 전해질 대부분이 희토류 이온을 포함하고 있지만, 무정형 무기 전해질은 희토류 이온을 가지지 않는 것이 많아서 환원의 경우에 더욱 안정하다. 무정형 재료는 크게 산화물 계열과 황화물 계열로 나눌 수 있다. 무정형 산화물계 이온전도체로는 유리 골격을 형성하는 SiO_2, B_2O_3, P_2O_3, GeO_2 등을 사용하고 여기에 Li_2O를 첨가함에 따라 리튬이온의 전도성을 가진다. 단 상온에서 이온전도성은 그리 높지 않으므로 박막으로 주로 사용된다. 무정형 산화물계는 화학적 열적 안정성은 우수해도 상온에서 이온전도도가 낮아서 산화물 대신 분극률이 큰 황화물이 크게 각광(脚光) 받고 있다.

맺는말

　　리튬이온 이차전지가 1991년 일본 소니사가 휴대용 이동기기의 전원으로 상품화에 성공한 이후 그 성능이 향상되어 20세기 말에는 휴대용 컴퓨터인 노트북의 전원으로 채용되었다. 이즈음에 세계적인 학술대회장에서 참가자들의 노트북이 발화하는 일이 종종 목격되었다. 대부분 일본 회사 제품들이었다. 발화된 노트북의 제조 회사들은 발화사고에 대하여 사과하기에 바빴고 그 뒤에는 피해자들로부터 거액의 손해 배상을 청구하는 소송에 휘말려 회사의 존립까지도 걱정하게 되었다.

　　일본에서 리튬이온 이차전지가 소형 전자기기의 전원으로 채용되는 상황을 지켜보아 온 한국의 유수 회사들은 20세기 말에 리튬이온 이차전지 개발에 전력을 기울여 상품화에 성공하였다. 적용 대상 기기로 마침 한국에서 많이 제조하던 노트북으로 잡았던 터에 일본 제품의 발화사고를 접하게 되어 그 원인과 대책에 대해서 방안을 마련하여 한국제 전지가 채택된 노트북이 많이 팔리게 되어 배터리 시장을 석권하게 되었다. 그 뒤에 휴대전화가 등장하여 그 전원으로 리튬이온 이차전지가 채용되고 한국제 배터리의 성능이 우수하다는 평판을 얻어 이차전지 시장의 점유율을 높게 지킬 수 있었다.

후발 업체인 한국의 배터리 제조업체가 기술 개발의 선두에 있던 미국이나 일본을 제치고 해당 시장에서 앞으로 나아갈 수 있는 동력이 무엇이었을까? 전지 관련 기술자들의 각고의 노력이 있어서 가능했겠지만, 당시 한국이 전지 제조와 관련한 인프라가 좋았다고 생각된다. 1970년대부터 한국의 제조 공장에서는 음성 저장을 위한 자성 테이프(magnetic tape)의 제작을 위해서 노력하였다. 그 제품 제조 과정에서 얇은 고분자 막에 자성 분말을 고르게 붙여서 릴을 만드는 게 핵심이었는데 이를 위해 한국의 엔지니어들이 체득한 공정기술이나 장비 제작 기술은 상당한 수준이었다. 앞에서 설명한 대로 리튬이온 이차전지의 제조 과정에서 집전체 포일 위에 양극활 물질 및 음극활물질을 분말 형태로 부착하는 공정이 자성 테이프의 제조공정과 유사하다. 리튬이온 이차전지의 제작 과정에 해당 기술과 장비가 크게 도움이 되었을 것으로 생각된다. 또한 한국에서 반도체 칩 제조를 위한 청정실(clean room) 안에서의 제조 작업 경험도 크게 도움이 되었을 것으로 본다. 어찌 되었든 한국의 회사가 전지 제조 분야에서 세계적으로 선두에 서게 되었다.

리튬이온 이차전지의 성능이 날로 향상되면서 사용처를 이동용 전자기기의 전원에 만족하지 않고 큰 용량이 필요한 자동차의 동력원으로 검토되었다. 전기자동차의 당위성을 설명하는 과정에 이른바 환경론자들의 수사(rhetoric)를 갖다가 쓰는 경우가 생겼다. 지구 온난화와 도심 매연이 과도한 휘발유 자동차의 운행에 그 원인이 있으니 휘발유 자동차를 줄이고 배터리 자동차를 늘리면 된다는 이론이다. 전지 산업에 종사하는 기술자나 회사들은 전지의 수요가 커지는 방향이니까 여기에 찬성한다. 주식시장은 새로운 시장이 열리니까 적극적으로 환영한다. 자동차 제조 회사는 전기자동차 개발에 시간과 인력이 소요되지만, 정책이 그러니까 이 경향에 따라갈 수밖에 없다. 자동차용 강판을 공급하는 제철 회사들은 지금까지 과도한 이산화탄소 배출 공장을 운영한다는 오명을 받고 있던 차에 새로운 수요가 생기니까 반대할 이유가 없다. 정책을 입안하는 정치가들도 새로운 게임의 창출로 재미를 볼 수 있으니까 전기자동차에 대한 정부 보조금 제도나 휘발유 자동차의 단종을 법률로 규정하였다.

이 책에서 살펴보았듯이 리튬이온 배터리는 에너지 형태를 단순히 변환만 할 뿐 전기에너지를 생산하지 못한다. 리튬이온 배터리 전기차는 발전소에서 만들어 공급하는 전기를 충전해서 화학에너지의 형태로 틈틈이 배터리에 저장해 두어야 운행할 수 있다. 원자력 발전소로 100% 전기를 공급하면 화석연료의 사용을 영(0)으로 만들 수 있겠지만 환경론자들은 원자력 발전소는 극구 반대한다. 결국 내연기관 자동차에서 소비하는 화석연료가 석유나 천연가스 혹은 석탄을 쓰는 화력발전소에 전가될 뿐이다. 전기자동차의 운행으로 도심에서는 매연이 없는 거리를 유지할 수 있지만, 배터리 자동차는 발전소에서 운반되어 오는 전기에너지의 손실 등 효율을 감안(勘案)하면 휘발유 자동차보다 더 많은 화석연료를 소비하게 된다. 휘발유를 취급하는 대형 회사나 산유국들이 배터리 자동차 바람에 속으로 느긋한 이유이기도 하다. 도심에 수많은 정유소를 운영하기보다는 큰 물량을 소비하는 발전소에 석유를 공급하는 게 훨씬 쉽고 경제적일 수 있다.

몇 년 전부터 언론매체에서 정치가들이 수소전기차란 말을 쓰기 시작하였다. 수소연료전지를 채용한 자동차를 수소전기차라고 하나 보다. 물론 그 용어를 그들이 만들어 쓰는 거는 아니겠고 아마도 참모를 통해서 관련된 기술자가 챙겨 주었으리라고 생각된다. 수소전기차란 말을 듣는 순간 필자는 정치인들이 배터리 자동차에 관한 정책에서 빠져나갈 구멍을 찾고 있다고 생각하였다. 수소전기차는 배터리 전기차와 혼동하여 이해되기가 쉽다. 둘 다 내연기관 대신에 전기로 자동차가 구동하는 점에서는 같다. 리튬이온 이차전지와 수소연료전지는 이온을 이용한다는 점에서는 비슷하지만, 영 다른 것이다. 배터리 전기차는 전기에너지를 생산하지 못하나, 수소 연료전지는 전기를 자체적으로 생산하고 있다. 수소전기차는 충전이 필요 없고, 연료전지에 수소를 공급하면 공기 중의 산소를 이용하여 전기를 만들어 동력원으로 쓰는 점에서 휘발유 자동차와 비슷하다. 배터리 전기차는 화력발전소나 원자력 발전소에서 전기를 만들어 공급해야 하지만 수소전기차는 그 차에서 그때그때 전기를 만들어 쓴다.

그런데 그 수소를 만드는 과정이 문제이다. 물을 전기 분해하면 수소를 얻을 수 있지만, 맹물로 가는 자동차가 열역학적으로 불가능함은 이미 초등학생도 아는 이야기이다. 현재 가장 경제적인 수소 가스 채집 방법은 천연가스를 분해하는 것인데 이 과정에 열 즉 에너지를 공급해야 하고 취급 시에 부주의하면 큰 폭발사고로 이어진다. 수소전기차 얘기는 한동안 수소 생산 기술이나 공장 건설 붐을 이루었지만, 어디선가 수소공장 폭발사고가 나서 시찰하던 사람들이 사망하고 난 뉴스가 나온 뒤에 언론에 수소전기차 얘기가 쏙 들어갔다. 그 뒤에 정부에서 나오는 수소전기차 연구비나 업체 지원금의 공급이 대폭 줄었다는 얘기를 들었다. 무엇보다 수소전기차도 화석연료에 의존할 수밖에 없다.

일반인들은 전기차라고 말하면 깨끗하고 환경친화적이라고 생각한다. 나무를 태워서는 밥이나 짓고 보일러 정도나 목탄차를 움직일 수 있지만, 발전소에서 석탄이나 석유를 태워 전기를 만들면 전철의 운용에서 볼 수 있듯이 큰 힘을 낸다. 환경론자들의 얘기를 쉽게 풀어쓰자면 좀 불편하고 답답하더라도 큰 힘을 내는 휘발유 자동차보다는 목탄차나 타자는 얘기다. 항공유도 큰 힘을 내기보다는 비행기가 뜰 정도의 힘만 내는 연료로 대체하자는 얘기이다. 반대로 개발론자들의 주장은 언젠가는 그럴 날이 올 줄 모르지만, 아직 주위 여건이 그 정도는 아니니까 지금은 그냥 넘어가 보자는 얘기이다. 지구온난화 감소를 의한 탄소배출 줄이기 정책이 소위 선진국에서 실질적으로 이루어지지 않고 있는 이유 중 하나이다.

전지 소재 특론

1쇄 인쇄	2024년 3월 5일
1쇄 발행	2024년 3월 8일

지은이	강찬형
펴낸이	강찬형
펴낸곳	무지개꿈
신고번호	제2023-000025호
신고일자	2023년 2월 7일
주소	서울시 송파구 올림픽로 35길 104, 24동 702호
팩스	0505-055-2328
이메일	chanhkang@naver.com

ⓒ 강찬형 2024

ISBN 979-11-982929-4-0 (93560)

- 이 책은 저작권법에 따라 보호받는 저작물이므로 무단 전재와 무단 복제를 금지하며, 이 책 내용의 전부 또는 일부를 이용하려면 반드시 저작권자와 무지개꿈의 서면 동의를 받아야 합니다.
- 잘못 만들어진 책은 바꾸어 드립니다.
- 책값은 뒤표지에 있습니다.